Gilbert Helmberg
Analytische Zahlentheorie
De Gruyter Studium

Weitere empfehlenswerte Titel

Differentialgleichungen und Mathematische Modellbildung.
Eine praxisnahe Einführung unter Berücksichtigung der
Symmetrie-Analyse
Nail H. Ibragimov, 2017
ISBN 978-3-11-049532-4, e-ISBN (PDF) 978-3-11-049552-2,
e-ISBN (EPUB) 978-3-11-049284-2

Wahrscheinlichkeit. Eine Einführung für Bachelor-Studenten
René L. Schilling, 2017
ISBN 978-3-11-035065-4, e-ISBN (PDF) 978-3-11-035066-1,
e-ISBN (EPUB) 978-3-11-038750-6

Komplexe Zahlen und ebene Geometrie
Joachim Engel, Andreas Fest, 2016
ISBN 978-3-11-040686-3, e-ISBN (PDF) 978-3-11-040687-0,
e-ISBN (EPUB) 978-3-11-040688-7

Berühmte Aufgaben der Stochastik. Von den Anfängen bis heute
Rudolf Haller, Friedrich Barth, 2016
ISBN 978-3-11-048076-4, e-ISBN (PDF) 978-3-11-048077-1,
e-ISBN (EPUB) 978-3-11-048090-0

Numerik gewöhnlicher Differentialgleichungen.
Band 1: Anfangswertprobleme und lineare Randwertprobleme
Martin Hermann, 2017
ISBN 978-3-11-050036-3, e-ISBN (PDF) 978-3-11-049888-2,
e-ISBN (EPUB) 978-3-11-049773-1

Gilbert Helmberg

Analytische Zahlentheorie

Rund um den Primzahlsatz

DE GRUYTER

Mathematics Subject Classification 2010
Primary: 11-01, 30B50, 11M06, 33B15, 11B68, 11N13; Secondary: 11A41, 11N05

Autor
Prof. Dr. Gilbert Helmberg
Kalkofenweg 5
6020 Innsbruck
Österreich
gilbert.helmberg@aon.at

ISBN 978-3-11-049513-3
e-ISBN (PDF) 978-3-11-050003-5
e-ISBN (EPUB) 978-3-11-049720-5

Library of Congress Cataloging-in-Publication Data
Names: Helmberg, Gilbert, author.
Title: Analytische Zahlentheorie : rund um den Primzahlsatz / Gilbert Helmberg.
Description: Berlin ; Boston : Walter de Gruyter, GmbH, [2018] | Series: De Gruyter Studium |
In German. | Includes bibliographical references and indexes.
Identifiers: LCCN 2017054348 | ISBN 9783110495133 (softcover)
Subjects: LCSH: Number theory. | Mathematical analysis. | Group theory. | Numbers, Prime.
Classification: LCC QA241 .H385 2018 | DDC 512.7/3--dc23 LC record available at
https://lccn.loc.gov/2017054348

Bibliografische Information der Deutschen Nationalbibliothek
Die Deutsche Nationalbibliothek verzeichnet diese Publikation in der Deutschen
Nationalbibliografie; detaillierte bibliografische Daten sind im Internet über
http://dnb.dnb.de abrufbar.

© 2018 Walter de Gruyter GmbH, Berlin/Boston
Coverabbildung: Adam Gault / Caiaimage / Getty Images
Satz: PTP-Berlin, Protago-TEX-Production GmbH, Berlin
Druck und Bindung: CPI books GmbH, Leck

www.degruyter.com

Dem Verlag DE GRUYTER, insbesondere Herrn KIELING, danke ich für die Anregung, dieses Buch zu schreiben, Frau SCHEDENSACK und Frau SEITZ für seine Versorgung, und meinem Kollegen Dr. WAGNER für die Durchsicht des Manuskriptes auf Fehler und mögliche Verbesserungen.
Meiner Frau danke ich für ihre Geduld, mit der sie alle Unannehmlichkeiten ertragen hat, die mit seiner Entstehung verbunden waren.
Ich widme es unseren Enkelkindern, denen ich auch viel vedanke:
Magdalena, Anna, Anita, Armin, Theresa, Judith, Letizia, Philipp, David.

Vorwort

Zweistündige Vorlesungen über Analytische Zahlentheorie, die ich vor einigen begeisterungsfähigen Studentengenerationen halten durfte, haben mich motiviert, ihren Inhalt in Buchform zu gießen. Das hat seine Licht- und Schattenseiten.

Zu den Schattenseiten gehört eine Beschränkung im Umfang und damit in der Auswahl des Stoffes auf das, was in zwei Wochenstunden eines Semesters Platz hat. Meine Wahl fiel auf alles, was für Einsicht in den Satz von DIRICHLET über Primzahlen in arithmetischen Folgen, den Primzahlsatz und die wesentlichen Eigenschaften der zeta-Funktion erforderlich ist. Aus diesem Grund kann dieses Buch auch nicht beanspruchen, eine Einführung in die Analytische Zahlentheorie zu sein, sondern nur eine auf Verständnis orientierte Sammlung von Teilen der Analytischen Zahlentheorie, die den Primzahlsatz und verwandte Resultate betreffen.

Zu den Lichtseiten gehört – hoffentlich – die Tendenz, die Darstellung weniger in einer asketischen Abfolge von Definitionen, Hilfssätzen und Sätzen geschehen zu lassen, sondern in etwas lebendigerer Anlehnung an die Herkunft aus einer Vorlesung.

Ich habe auch der Versuchung widerstanden, bei nicht tief liegenden Resultaten zu schreiben: „Wie man leicht sieht, ...", auf die Gefahr hin, dass mathematisch versierte Leser den Kopf schütteln und sich fragen, für wie unerfahren sie gehalten werden. Es schien mir wertvoller, diesem Buch die Chance zu geben, auch von weniger versierten Lesern als Lektüre gebraucht zu werden. Aus ähnlichen Gründen enthält dieses Buch keine Übungsaufgaben. Dem Leser, der solche sucht, seien die Einführungen in die Analytische Zahlentheorie empfohlen, die im Literaturverzeichnis angeführt sind und in denen auch weitere Gebiete der Analytischen Zahlentheorie besprochen werden.

Weil die Funktionentheorie in der Analytischen Zahlentheorie eine wesentliche Rolle spielt, habe ich versucht, die Resultate dieses Zweiges der Mathematik, auf die sich die Überlegungen stützen, in einem Anhang zusammenzustellen und entweder zu begründen oder aufzuzeigen, wo Begründungen zu finden sind. Gleiches gilt für relevante Teile der Analysis und Gruppentheorie. Ich hoffe, dass der Leser mir nicht übel nimmt, dass ich – besonders bei der Definition einer neuen Funktion f – auch $f(x)$ als Funktion bezeichne, obwohl $f(x)$ eigentlich der Funktionswert von f an der Stelle x ist. Um Verweisungen zweckmäßig zu formulieren, ist z. B. mit ‚Satz 4.1' der so getaufte erste Satz in § 4 gemeint, und mit ‚Definition G.c' die so bezeichnete dritte Definition in Abschnitt G („Gleichmäßige Konvergenz") des Anhanges. Einige Fachausdrücke sind nachfolgend in: „Vorbemerkungen zur Terminologie" erklärt.

Alles in allem habe ich mich bemüht, ein spannendes Stück Mathematik verständlich weiterzugeben.

Innsbruck, August 2017   Gilbert Helmberg

https://doi.org/10.1515/9783110500035-001

Vorbemerkungen zur Terminologie

$\mathbb{N}$ bezeichnet die natürlichen Zahlen $1, 2, 3, \ldots$; bei $\mathbb{N}_0$ kommt noch die 0 dazu.

$\mathbb{P} \subset \mathbb{N}$ ist die Menge aller Primzahlen. Wenn nicht ausdrücklich etwas anderes gesagt wird, bezeichnet im Folgenden der Buchstabe p immer eine Primzahl.

$\mathbb{Z}$ bezeichnet die Menge der ganzen Zahlen.

$\mathbb{R}$ bezeichnet die Menge der reellen Zahlen, $\mathbb{R}^+ = \{x \in \mathbb{R} : x > 0\}$.

$\mathbb{C}$ bezeichnet die Menge der komplexen Zahlen. Wenn c eine reelle Zahl ist, bezeichnet $\mathbb{C}_c$ die Menge $\{z = x + iy \in \mathbb{C} : x = \mathfrak{R}(z) \in \mathbb{R}, y = \mathfrak{I}(z) \in \mathbb{R}, x > c\}$. Wir schreiben also $\mathbb{C}_0$ an Stelle der üblichen Schreibweise $\mathbb{C}_+$. Der Grund dafür ist die Notwendigkeit, in Kapitel II Mengen $\mathbb{C}_c$ für verschiedene Werte von c zu betrachten. Der Überstrich kennzeichnet wie üblich die abgeschlossene Hülle einer Menge, also $\overline{\mathbb{C}_c} = \{z = x + iy \in \mathbb{C} : x \geq c\}$, nur in einem Fall in Anhang C ist $\overline{\chi}(x)$ die komplex konjugierte Zahl zu $\chi(x)$.

Wenn g und f Funktionen auf einem Intervall $I \subset \mathbb{R}$ sind, für das x_0 ein Häufungspunkt ist, bedeutet ‚$f = O(g)$ für $x \to x_0$‘ die Abschätzung $|f(x)| \leq C \cdot |g(x)|$ (also anders ausgedrückt $|\frac{f(x)}{g(x)}| \leq C$) mit einer geeigneten Konstanten $C \in \mathbb{R}^+$, sobald x genügend nahe bei x_0 ist, wobei x_0 auch im Unendlichen sein kann (z. B. $\sin x = O(1)$ für $x \to \infty$). Die Aussage, ‚$f = o(g)$ für $x \to x_0$‘ bedeutet $\lim_{x \to x_0} \frac{|f(x)|}{|g(x)|} = 0$ (z. B. $\log x = o(x)$ für $x \to \infty$), was $f = O(g)$ für $x \to x_0$ impliziert. ‚O‘ und ‚o‘ werden als LANDAU-Symbole bezeichnet. $f \sim g$ für $x \to x_0$ bedeutet, wenn nichts anderes gesagt wird (wie in der Fourier-Analysis, Anhang F), $\lim_{x \to x_0} \frac{f(x)}{g(x)} = 1$ (z. B. $\sin x \sim x$ für $x \to 0$).

Wenn von dem Integral einer Funktion f die Rede ist, ist immer das (eigentliche oder uneigentliche) RIEMANN-Integral gemeint und wird (wenn dies aus der Definition von f nicht bereits hervorgeht) stillschweigend vorausgesetzt, dass f RIEMANN-integrierbar ist. In z. B. [HEWITT/STROMBERG], 12.51 (e) sind diese sogenannten R-integrierbaren Funktionen auf $\mathbb{R}$ charakterisiert.

Mit ‚$\log(z)$‘ in der komplexen Ebene ist immer der Wert der Logarithmus-Funktion im Streifen $S = \{z \in \mathbb{C} : -\pi \leq \mathfrak{I}(z) < \pi\}$ gemeint, der entlang der negativen Achse $\mathbb{R}^- = -\mathbb{R}^+$ aufgeschnitten ist; ohne diese Einschränkung liefert die Logarithmus-Funktion für ein Argument z die unendlich vielen Werte $\log z + k \cdot 2\pi i$ ($k \in \mathbb{Z}$)). Für $z = \sigma + i\tau = |z|e^{i\varphi}$ ($-\pi < \varphi \leq \pi$) ist $\log z = \log|z| + i\varphi$. Die Gleichungskette

$$e^{\log a + \log b} = e^{\log a} \cdot e^{\log b}$$

zeigt, dass $\log a + \log b$ ein Wert des Logarithmus $\log(a \cdot b)$ ist, der allerdings dem Streifen S nicht mehr angehören muss. In diesem Falle ist $\log(a \cdot b) = \log a + \log b \pm 2\pi i$.

https://doi.org/10.1515/9783110500035-002

$[x]$ bedeutet die größte ganze Zahl in x, außer wenn $[$ und $]$ als Klammern an Stelle von (und) gebraucht werden. 1_M ist die Indikator-Funktion einer Menge M, die auf M den Wert 1, und ausserhalb M den Wert 0 annimmt.

Inhalt

I Größenordnungen zahlentheoretischer Funktionen

§1 Die Größenordnung von $\sum_{n \le x} \frac{1}{n}$ und $\sum_{p \le x} \frac{1}{p}$

Ein überraschendes Resultat einführender Analysis-Vorlesungen ist die Divergenz der Reihe

$$\sum_{n=1}^{\infty} \frac{1}{n}.$$

Überraschend, weil die Reihenglieder für $n \to \infty$ wie bei konvergenten Reihen gegen 0 konvergieren, aber leicht einzusehen, weil

$$\sum_{n=2^k}^{2^{k+1}-1} \frac{1}{n} > 2^k \cdot \frac{1}{2^{k+1}} = \frac{1}{2},$$

also

$$\sum_{n=1}^{\infty} \frac{1}{n} = \sum_{k=0}^{\infty} \sum_{n=2^k}^{2^{k+1}-1} \frac{1}{n}$$

$$\ge \sum_{k=0}^{\infty} \frac{1}{2} = \infty.$$

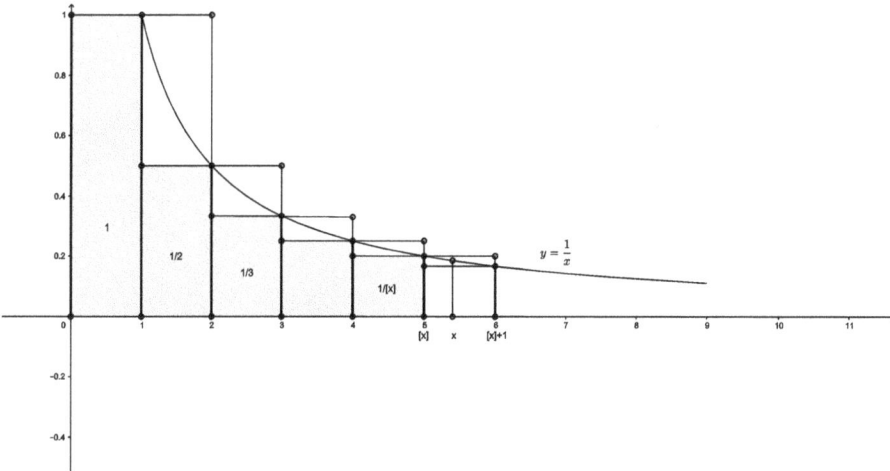

Abb. 1.1: Vergleich von Summe und Integral.

Eine schärfere Aussage liefert ein Vergleich der Reihe mit dem Integral der Funktion $\frac{1}{x}$: Aus den Ungleichungen

$$\frac{1}{n+1} < \frac{1}{t} \le \frac{1}{n} \quad (n \le t < n+1,\ n \in \mathbb{N})$$

https://doi.org/10.1515/9783110500035-003

folgt

$$\frac{1}{n+1} < \int_n^{n+1} \frac{1}{t}\, dt < \frac{1}{n}$$

$$\int_1^{N+1} \frac{1}{t}\, dt = \log(N+1) < \sum_{n=1}^{N} \frac{1}{n} < 1 + \int_1^{N} \frac{1}{t}\, dt = 1 + \log(N)$$

$$\log x < \log([x]+1) = \int_1^{[x]+1} \frac{1}{t}\, dt < \sum_{n \le x} \frac{1}{n} = \sum_{n=1}^{[x]} \frac{1}{n} < 1 + \int_1^{[x]} \frac{1}{t}\, dt = 1 + \log[x] \le 1 + \log x,$$

also

$$\log x < \sum_{n \le x} \frac{1}{n} < \log x + 1 \qquad (1.1)$$

$$1 < \frac{\sum_{n \le x} \frac{1}{n}}{\log x} \le 1 + \frac{1}{\log x} \to 1 \quad \text{für} \quad x \to \infty.$$

Satz 1.1.

$$\sum_{n \le x} \frac{1}{n} \sim \log x \quad \text{für} \quad x \to \infty.$$

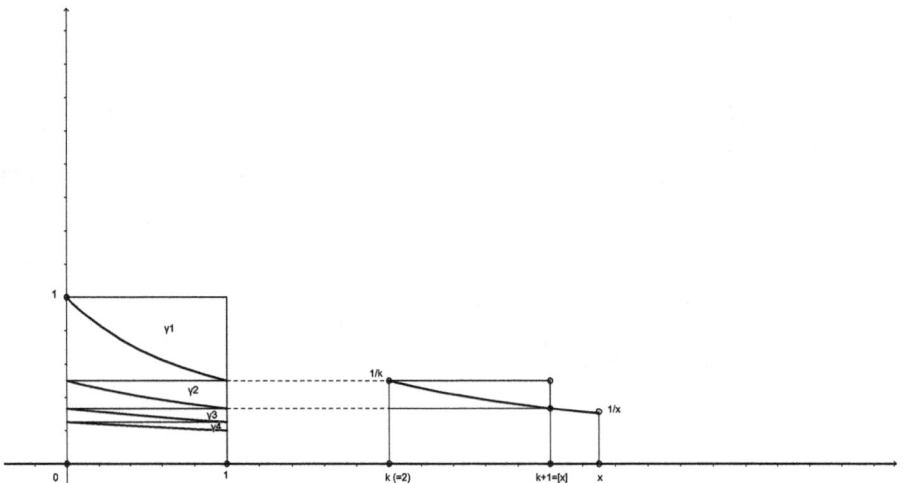

Abb. 1.2: Die EULER-MASCHERONI-Konstante.

Es geht noch genauer als (1.1): Wie groß ist die Differenz zwischen $\sum_{n \le x} \frac{1}{n}$ und $\log x$? Auf dem Intervall $[n, n+1[$ ist

$$\frac{1}{n+1} < \frac{1}{x} \le \frac{1}{n}$$

und daher

$$\frac{1}{n+1} < \int_n^{n+1} \frac{1}{x}\,dx = \log(n+1) - \log n < \frac{1}{n} \tag{1.2}$$

$$0 < \eta_n := \frac{1}{n} - [\log(n+1) - \log n] < \frac{1}{n} - \frac{1}{n+1} = \frac{1}{n(n+1)} \tag{1.3}$$

$$\gamma_k := \sum_{n=1}^{k} \eta_n = \sum_{n=1}^{k} \left\{ \frac{1}{n} - [\log(n+1) - \log n] \right\} = \sum_{n=1}^{k} \frac{1}{n} - \log(k+1) \tag{1.4}$$

$$< \sum_{n=1}^{k} \left\{ \frac{1}{n} - \frac{1}{n+1} \right\} = 1 - \frac{1}{k+1} \qquad \text{(wegen (1.3))}$$

$$\lim_{k \to \infty} \gamma_k = \sum_{n=1}^{\infty} \eta_k \approx 0,57721.$$

Definition 1.a. $\gamma = \lim_{k \to \infty} \left(\sum_{n=1}^{k} \frac{1}{n} - \log(k+1) \right) \approx 0,57721$ (EULER-MASCHERONI-Konstante).

Eine Abschätzung der Differenz zwischen $\sum_{n \leq x} \frac{1}{n}$ und $\log x$ ergibt sich aus

$$\gamma - \gamma_k = \sum_{n=k+1}^{\infty} \eta_n < \sum_{n=k+1}^{\infty} \left\{ \frac{1}{n} - \frac{1}{n+1} \right\} = \frac{1}{k+1} \qquad \text{(wegen (1.3))} \tag{1.5}$$

$$\sum_{n=1}^{k} \frac{1}{n} = \log(k+1) + \gamma_k \qquad \text{(wegen (1.4))}$$

$$\sum_{n=1}^{k+1} \frac{1}{n} = \log(k+1) + \gamma_k + \frac{1}{k+1}$$

$$= \log(k+1) + \gamma + \frac{1}{k+1} - (\gamma - \gamma_k), \tag{1.6}$$

wobei wegen (1.5)

$$0 < \frac{1}{k+1} - (\gamma - \gamma_k) = \frac{\theta}{k+1} < \frac{1}{k+1} \qquad (0 < \theta < 1).$$

Für $[x] = k+1$ folgt aus (1.6)

$$\sum_{n \leq x} \frac{1}{n} = \sum_{n=1}^{k+1} \frac{1}{n}$$

$$= \log[x] + \gamma + \frac{\theta}{[x]}$$

$$= \log x + \gamma - (\log x - \log[x]) + \frac{\theta}{[x]}$$

und wegen der den Mittelwertsatz verwendenden Abschätzung

$$0 \leq \log x - \log[x] = \frac{1}{x_0}(x - [x]) < \frac{1}{[x]} < 1 \qquad ([x] \leq x_0 \leq x)$$

$$= \log x + \gamma + \frac{\theta_x}{[x]} \qquad |\theta_x| < 1$$

$$0 < \sum_{n \leq x} \frac{1}{n} - \log x = \gamma + \frac{\theta_x}{[x]} \; \rightarrow \; \gamma \qquad \text{für } x \to \infty.$$

Wegen $\limsup_{x \to \infty} |\frac{x}{[x]} \theta_x| \leq 1$ erhalten wir

Satz 1.2.

$$\sum_{n \leq x} \frac{1}{n} = \log x + \gamma + O\left(\frac{1}{x}\right) \quad \text{für } x \to \infty.$$

Die Sätze 1.1 und 1.2 präzisieren die Aussage, dass die Reihe $\sum_{n=1}^{\infty} \frac{1}{n}$ eher langsam divergiert. Tatsächlich bewirkt eine Potenzierung der Reihenglieder mit jedem beliebigen Exponenten $s > 1$ bereits eine Konvergenz der Reihe $\sum_{n=1}^{\infty} \frac{1}{n^s} = \sum_{n=1}^{\infty} \left(\frac{1}{n}\right)^s$. Dies sieht man, wenn man ähnlich wie im Beweis von Satz 1.1 die Partialsummen der Reihe mit den Integralen der Funktion $\frac{1}{x^s}$ vergleicht:

$$\sum_{n \leq x} \frac{1}{n^s} < 1 + \int_1^x \frac{1}{t^s} \, dt = 1 + \frac{1}{s-1}\left(1 - x^{1-s}\right) \; \rightarrow \; \frac{s}{s-1} \quad \text{für } x \to \infty.$$

Also ist beispielsweise die Reihe $\sum_{n=1}^{\infty} \frac{1}{[n^{1,1}]+1}$ konvergent, deren Glieder eine Teilfolge der Glieder der Reihe $\sum_{n=1}^{\infty} \frac{1}{n}$ sind. Allerdings enthält sie auch nur 65 Glieder der Partialsumme $\sum_{n \leq 100} \frac{1}{n}$.

Die Reihe $\sum_{p \in \mathbb{P}} \frac{1}{p}$ umfasst lediglich 25 Glieder dieser Partialsumme. Konvergiert oder divergiert sie?

Es gibt einen Zusammenhang dieser Reihe mit der Reihe $\sum_{n=1}^{\infty} \frac{1}{n}$. Die Primzahlzerlegung $n = p_1^{k_1} \cdots p_m^{k_m}$ liefert zunächst rein formal – ohne Rücksicht auf Divergenz –

$$\sum_{n=1}^{\infty} \frac{1}{n} = \sum_{*} \frac{1}{p_1^{k_1} \cdots p_m^{k_m}} \leq \prod_{p \in \mathbb{P}} \sum_{k=0}^{\infty} \frac{1}{p^k} = \prod_{p \in \mathbb{P}} \frac{1}{1 - \frac{1}{p}},$$

wobei in $\sum_{*}$ über alle sich aus der Primzahlzerlegung der natürlichen Zahlen ergebenden Produkte von Primzahlpotenzen summiert wird.

Diese etwas kühne Heuristik motiviert die folgenden stichhaltigeren Überlegungen, in denen wir $S(x) := \sum_{p \leq x} \frac{1}{p}$ setzen:

$$P(x) := \prod_{p \leq x}\left(1 - \frac{1}{p}\right)^{-1} = \prod_{p \leq x} \sum_{k=0}^{\infty} \frac{1}{p^k} \geq \sum_{n \leq x} \frac{1}{n} > \log x \qquad \text{(siehe (1.1))}$$

$$\log P(x) = \sum_{p \le x} \left(-\log(1 - \frac{1}{p}) \right)$$

$$= \sum_{p \le x} \sum_{k=1}^{\infty} \frac{1}{kp^k} > \sum_{p \le x} \frac{1}{p} = S(x) \qquad \text{(TAYLOR-Entwicklung)}$$

$$0 < \log P(x) - S(x) = \sum_{p \le x} \sum_{k=2}^{\infty} \frac{1}{kp^k} = \sum_{p \le x} \frac{1}{p^2} \sum_{k=2}^{\infty} \frac{1}{kp^{k-2}} = \sum_{p \le x} \frac{1}{p^2} \sum_{k=0}^{\infty} \frac{1}{(k+2)p^k}$$

$$< \frac{1}{2} \sum_{p \le x} \frac{1}{p^2} \sum_{k=0}^{\infty} \frac{1}{p^k} = \frac{1}{2} \sum_{p \le x} \frac{1}{p^2} \cdot \frac{1}{1 - \frac{1}{p}} = \frac{1}{2} \sum_{p \le x} \frac{1}{p(p-1)}$$

$$< \frac{1}{2} \sum_{n=2}^{\infty} \frac{1}{n(n-1)} = \frac{1}{2} \sum_{n=2}^{\infty} \left(\frac{1}{n-1} - \frac{1}{n} \right) = \frac{1}{2}$$

$$S(x) > \log P(x) - \frac{1}{2} \ge \log \log x - \frac{1}{2} \ \to \ \infty \quad \text{für } x \to \infty.$$

Satz 1.3.

$$\sum_{p \le x} \frac{1}{p} > \log \log x - \frac{1}{2}.$$

Eine noch genauere Abschätzung bringt Satz 4.1 in § 4.

§ 2 Die zahlentheoretischen Funktionen $\pi(x)$, $\theta(x)$, $\psi(x)$, $\Lambda(n)$

Die genannten Funktionen sind folgendermaßen für $x \in \mathbb{R}^+$ definiert (etwas salopp könnte man sie als ‚*Primzahl-Funktionen*' bezeichnen):

Definition 2.a.

$$\pi(x) = \sum_{p \le x} 1$$

(die Anzahl der Primzahlen kleiner oder gleich x, daher auch $\pi(x) < x$ für $x \in \mathbb{R}^+$)

$$\theta(x) = \sum_{p \le x} \log p$$

$$\psi(x) = \sum_{m=1}^{\infty} \sum_{p^m \le x} \log p$$

$$\Lambda(x) = \begin{cases} \log p & \text{falls } x = p^m, \ m \in \mathbb{N}, \\ 0 & \text{sonst.} \end{cases}$$

Die Funktion Λ wird auch VON-MANGOLDT-Funktion genannt.

Wir notieren einige Eigenschaften dieser Funktionen:

(a) $\sum_{d/n} \Lambda(d) = \log n$

Tatsächlich liefert unter den Teilern einer Zahl $n = \prod_{k=1}^{K} p_k^{\alpha_k}$ nur eine Primzahl-potenz $d = p_k^{\beta_k}$ mit $\beta_k \le \alpha_k$ einen von 0 verschiedenen Beitrag zu dieser Summe, und zwar $\log p_k$. Die Summe dieser Beiträge ist also $\sum_{k=1}^{K} \alpha_k \log p_k = \log \prod_{k=1}^{K} p_k^{\alpha_k} = \log n$.

(b) $\psi(x) = \sum_{p^k \le x} \log p = \sum_{n \le x} \Lambda(n)$.

(c) $\psi(x) = \sum_{m=1}^{\infty} \theta(x^{1/m})$, da $\sum_{p \le x^{1/m}} \log p = \sum_{p^m \le x} \log p$.

(d) $\psi(x) = \sum_{p \le x} \left[\frac{\log x}{\log p} \right] \log p$.

Für $p^{m_p} \le x < p^{m_p+1}$ ist $m_p \log p \le \log x < (m_p + 1) \log p$ und daher $\left[\frac{\log x}{\log p} \right] = m_p \le \frac{\log x}{\log p} < m_p + 1$. Daraus folgt

$$\psi(x) = \sum_{m=1}^{\infty} \sum_{p^m \le x} \log p = \sum_{p \le x} \left[\frac{\log x}{\log p} \right] \log p.$$

Da $\left[\frac{\log x}{\log p} \right] \log p \le \frac{\log x}{\log p} \log p = \log x$, folgt aus (d)

$$\theta(x) \le \psi(x) \le \pi(x) \cdot \log x$$

und daher auch

$$\frac{\theta(x)}{x} \le \frac{\psi(x)}{x} \le \frac{\pi(x)}{x / \log x}.$$

Diese Ungleichungen erfüllen auch die $\limsup_{x \to \infty}$ – und $\liminf_{x \to \infty}$ –Werte dieser Brüche, wenn $x \to \infty$. Tatsächlich gilt aber noch mehr:

Satz 2.1.

$$\liminf_{x \to \infty} \frac{\theta(x)}{x} = \liminf_{x \to \infty} \frac{\psi(x)}{x} = \liminf_{x \to \infty} \frac{\pi(x)}{x / \log x}$$

$$\limsup_{x \to \infty} \frac{\theta(x)}{x} = \limsup_{x \to \infty} \frac{\psi(x)}{x} = \limsup_{x \to \infty} \frac{\pi(x)}{x / \log x}.$$

Beweis. Für ein beliebiges $\alpha \in]0, 1[$ und $x > 2$ berechnen wir

$$\theta(x) = \sum_{p \le x} \log p$$

$$\ge \sum_{x^\alpha < p \le x} \log p$$

$$> \sum_{x^\alpha < p \le x} \alpha \log x$$

$$\ge (\pi(x) - \pi(x^\alpha)) \cdot \alpha \log x$$

$$\ge (\pi(x) - x^\alpha) \cdot \alpha \log x$$

$$\frac{\theta(x)}{x} > \left(\frac{\pi(x)}{x} - \frac{1}{x^{1-\alpha}} \right) \alpha \log x.$$

Da $\lim_{x\to\infty} \frac{1}{x^{1-a}} = 0$, ergibt sich

$$\liminf_{x\to\infty} \frac{\theta(x)}{x} \geq a \liminf_{x\to\infty} \frac{\pi(x)}{x / \log x}$$

und die entsprechende Ungleichung für lim sup. Da $a > 0$ beliebig nahe bei 1 gewählt werden kann, ergibt sich die Behauptung. $\qquad\qquad\square$

§ 3 Der Satz von Tschebyschev über die Größenordnung von $\pi(x)$

Satz 3.1.
$$\log 2 \leq \liminf_{x\to\infty} \frac{\pi(x)}{x / \log x} \leq \limsup_{x\to\infty} \frac{\pi(x)}{x / \log x} \leq 4 \log 2.$$

Beweis. Der unerwartete Angelpunkt des Beweises besteht in einer Abschätzung von $\log 2^{2n}$ nach oben und unten. Dabei nutzen wir aus, dass $\binom{2n}{n}$ der größte Binomialkoeffizent unter Binomialkoeffizienten $\binom{2n}{k}$ ($0 \leq k \leq 2n$) ist. Da die Primzahlen zwischen n und $2n$ in einem Bruch mit dem Nenner $1 \ldots n$ nicht gekürzt werden, gilt

$$\prod_{n<p<2n} p \leq \frac{(n+1)\ldots 2n}{1\ldots n} = \binom{2n}{n} < 2^{2n} = (1+1)^{2n} = \sum_{k=0}^{2n} \binom{2n}{k} < (2n+1)\binom{2n}{n}.$$

Wir erhalten daraus die Abschätzungen

$$\sum_{n<p<2n} \log p < 2n \log 2 < \log(2n+1) + \log\binom{2n}{n}. \tag{3.1}$$

Die Abschätzung von $\limsup_{x\to\infty} \frac{\pi(x)}{x/\log x}$ nach oben erhalten wir aus (3.1) über eine Abschätzung von $\theta(x)$ unter der Voraussetzung $2^{n-1} < x \leq 2^n$ und $n > 1$.

$$\theta(x) \leq \theta(2^n) \qquad \text{(nach unserer Voraussetzung } x \leq 2^n\text{)}$$

$$= \sum_{p<2^n} \log p$$

$$= \sum_{k=2}^{n} \sum_{2^{k-1}\leq p<2^k} \log p \qquad \text{(für } k = 2 \text{ ist } \sum_{2\leq p<4} \log p = \log 2 + \log 3 < 4\log 2\text{)}$$

$$< \sum_{k=2}^{n} 2^k \log 2 \qquad \text{(nach der linken Ungleichung in (3.1))}$$

$$< 2^{n+1} \log 2$$

$$< 4x \log 2 \qquad \text{(nach der Voraussetzung } 2^{n-1} < x\text{)}$$

$$\frac{\theta(x)}{x} < 4 \log 2$$

$$\limsup_{x\to\infty} \frac{\pi(x)}{x / \log x} = \limsup_{x\to\infty} \frac{\theta(x)}{x} \leq 4 \log 2.$$

Ähnliche Dienste leistet die Funktion ψ für eine Abschätzung nach unten. Hier setzen wir voraus, dass $2n < x \leq 2n + 2$ ($n \in \mathbb{N}$). Außerdem hilft uns die Ungleichung

$$\psi(2n) \geq \log \binom{2n}{n}, \tag{3.2}$$

die folgendermaßen nachgewiesen werden kann:

Der Binomialkoeffizient $\binom{2n}{n}$ hat eine Primzahlzerlegung der Form

$$\binom{2n}{n} = \frac{(2n)!}{(n!)^2} = \frac{(n+1)\dots 2n}{1 \dots n} = \prod_{p < 2n} p^{\beta_p},$$

wobei aus den Primzahlzerlegungen von $(2n)!$ und $n!$ laut Satz M.1 folgt

$$\beta_p = \sum_{k \in \mathbb{N}} \left[\frac{2n}{p^k}\right] - 2 \sum_{k \in \mathbb{N}} \left[\frac{n}{p^k}\right]$$

$$= \sum_{k=1}^{B_p} \left(\left[\frac{2n}{p^k}\right] - 2\left[\frac{n}{p^k}\right]\right).$$

Hier ist (wir wiederholen im Wesentlichen die Überlegungen, die uns zur Aussage (d) in § 2 geführt haben)

$$p^{B_p} \leq 2n < p^{B_p+1}$$

$$1 \leq \left[\frac{2n}{p^{B_p}}\right] \leq \frac{2n}{p^{B_p}} < p$$

$$0 \leq \log 2n - B_p \log p < \log p$$

$$\frac{\log 2n}{\log p} - 1 < B_p \leq \frac{\log 2n}{\log p}$$

$$B_p = \left[\frac{\log 2n}{\log p}\right].$$

Nun folgt eine Milchmädchen-Rechnung.

$$-1 \leq 2x - 1 - 2[x] < [2x] - 2[x] < 2x - 2(x-1) = 2,$$

d. h. $[2x] - 2[x]$ kann nur die Werte 0 oder 1 annehmen. Daraus folgt

$$\beta_p = \sum_{k=1}^{B_p} \left(\left[\frac{2n}{p^k}\right] - 2\left[\frac{n}{p^k}\right]\right) \leq B_p = \left[\frac{\log 2n}{\log p}\right]$$

$$\log \binom{2n}{n} = \sum_{p < 2n} \beta_p \log p \leq \sum_{p < 2n} \left[\frac{\log 2n}{\log p}\right] \log p = \psi(2n) \quad \text{(nach § 2, (d))},$$

womit die Ungleichung (3.2) bewiesen ist.

Wir können nun ähnlich wie bei der Abschätzung nach oben vorgehen.

$$\psi(x) \geq \psi(2n) \qquad \text{(nach unserer Voraussetzung } 2n < x \leq 2n + 2\text{)}$$

$$\geq \log\binom{2n}{n} \qquad \text{(nach (3.2))}$$

$$> 2n \log 2 - \log(2n + 1) \qquad \text{(nach der rechten Ungleichung in (3.1))}$$

$$> (x - 2)\log 2 - \log(x + 1)$$

$$\frac{\psi(x)}{x} > \frac{x - 2}{x}\log 2 - \frac{\log(x + 1)}{x}$$

$$\liminf_{x \to \infty} \frac{\pi(x)}{x / \log x} = \liminf_{x \to \infty} \frac{\psi(x)}{x} \geq \lim_{x \to \infty} \left(\frac{x - 2}{x}\log 2 - \frac{\log(x + 1)}{x} \right) = \log 2. \qquad \square$$

Damit sind wir in der Lage, zu zeigen

Satz 3.2.

$$\frac{\psi(x)}{x} - \frac{\pi(x)}{x / \log x} = o(1) \quad (x \to \infty).$$

Beweis. Aus § 2 wissen wir bereits

$$\frac{\psi(x)}{x} \leq \frac{\pi(x)}{x / \log x}.$$

Wir haben also nur mehr zu zeigen

$$\pi(x) \leq \frac{\psi(x)}{\log x} + o\left(\frac{x}{\log x} \right).$$

Dazu überlegen wir

$$\pi(x) = \sum_{p \leq x} 1 \leq \sum_{n = p^k \leq x} \frac{\log p}{n} = \sum_{n \leq x} \frac{\Lambda(n)}{n}.$$

Hier wenden wir die ABEL-Summation an (Satz A.1, (B)) mit $\lambda_n = n$ $(n \geq 2)$, $a(n) = \Lambda(n)$, $A(x) = \sum_{n \leq x} \Lambda(n) = \psi(x)$, $v(x) = \frac{1}{\log x}$, $v'(x) = -\frac{1}{t \log^2 t}$:

$$\sum_{n \leq x} \frac{\Lambda(n)}{n} \leq \sum_{2 \leq n \leq x} \frac{\Lambda(n)}{\log n} = \frac{\psi(x)}{\log x} + \int_{2}^{x} \frac{\psi(t)}{t \log^2 t}\, dt.$$

Aus Satz 2.1 und Satz 3.1 folgt, dass $\frac{\psi(x)}{x}$ auf $\mathbb{R}^+$ durch eine Konstante C beschränkt ist. Bei gegebenem $\varepsilon > 0$ wählen wir $x_0 > 4$ so, dass für $t \geq \sqrt{x_0}$ die Abschätzung $\frac{\psi(t)}{t \log t} < \varepsilon$

zutrifft. Für $x > x_0$ folgt

$$\int_2^x \frac{\psi(t)}{t \log^2 t}\, dt = \int_2^{\sqrt{x}} \frac{\psi(t)}{t \log^2 t}\, dt + \int_{\sqrt{x}}^x \frac{\psi(t)}{t \log^2 t}\, dt$$

$$\frac{\log x}{x} \cdot \int_2^x \frac{\psi(t)}{t \log^2 t}\, dt \le \frac{\log x}{x} \cdot \frac{C\sqrt{x}}{2 \log^2 2} + \frac{\log x}{x} \cdot (x - \sqrt{x}) \cdot \frac{\varepsilon}{\log \sqrt{x}}$$

$$\le \frac{\log x}{\sqrt{x}} \cdot \frac{C}{2 \log^2 2} + 2\varepsilon.$$

Der letzte Ausdruck wird für genügend große x kleiner als 3ε. Damit ist die Behauptung gezeigt. □

§ 4 Größenordnungssätze von MERTENS

Aus § 1 sind uns die Größenordnungssätze bekannt

$$\sum_{n \le x} \frac{1}{n} = \log x + \gamma + \frac{\theta_x}{[x]} \quad (|\theta_x| \le 1)$$

$$\sum_{p \le x} \frac{1}{p} \ge \log \log x - \frac{1}{2}.$$

Von MERTENS stammen die folgenden Ergänzungen. Wenn nichts anderes gesagt wird, gelten die LANDAU-Symbole $O(x)$ bzw. $O(m)$ alle für $x \to \infty$ bzw. $m \to \infty$.

Satz 4.1. *Für* $x \to \infty$ *gilt*
(a)

$$\sum_{n \le x} \frac{\Lambda(n)}{n} = \log x + O(1)$$

(b)

$$\sum_{p \le x} \frac{\log p}{p} = \log x + O(1)$$

(c)

$$\sum_{p \le x} \frac{1}{p} = \log \log x + C + O\left(\frac{1}{\log x}\right)$$

(d)

$$\int_0^x \frac{\psi(t)}{t^2}\, dt = \log x + O(1).$$

Das vielleicht unerwartete Quadrat im Nenner in (d) ist sinnvoll, da nach Satz 2.1 und Satz 3.2 $\frac{\psi(x)}{x}$ und $\frac{\pi(x) \log x}{x}$ das gleiche Grenzverhalten für $x \to \infty$ haben, also nach dem Primzahlsatz ($\lim_{t \to \infty} \frac{\psi(t)}{t} = 1$) das Integral $\int_1^x \frac{\psi(t)}{t}\, dt$ für $x \to \infty$ die Größenordnung von x hat.

Beweis der Aussagen (a) bis (d) in Satz 4.1.
(a) Wir liefern den Beweis durch Abschätzungen von $\log(m!) = \sum_{k=2}^{m} \log k$ $(m \in \mathbb{N} \setminus \{1\})$. Die erste Abschätzung mittels eines Integrales liefert $\log(m!) = m \log m + O(m)$, die zweite mittels der Primzahlzerlegung von $m!$ liefert $\log(m!) = \sum_{n \le m} m \frac{\Lambda(n)}{n} + O(m)$. Aus beiden folgt dann (mit $m = [x]$)

$$\log x = \sum_{n \le x} \frac{\Lambda(n)}{n} + O(1).$$

Zur ersten Abschätzung beobachten wir (siehe Abb. 4.1)

$$\log k < \int_{k}^{k+1} \log t \, dt < \log(k+1)$$

$$\sum_{k=2}^{m-1} \log k < \int_{1}^{m} \log t \, dt < \sum_{k=2}^{m} \log k. \tag{4.1}$$

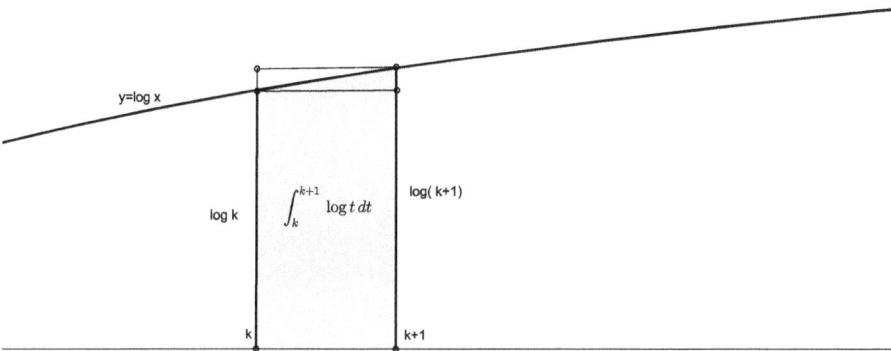

y=log x

log k $\int_{k}^{k+1} \log t \, dt$ log(k+1)

k   k+1

Abb. 4.1: Abschätzungen des Integrales $\int_{k}^{k+1} \log t \, dt$.

Das mittlere Integral berechnen wir durch partielle Integration:

$$\int_{1}^{x} \log t \, dt = t \log t \Big|_{1}^{x} - \int_{1}^{x} dt$$

$$= x \log x - (x - 1).$$

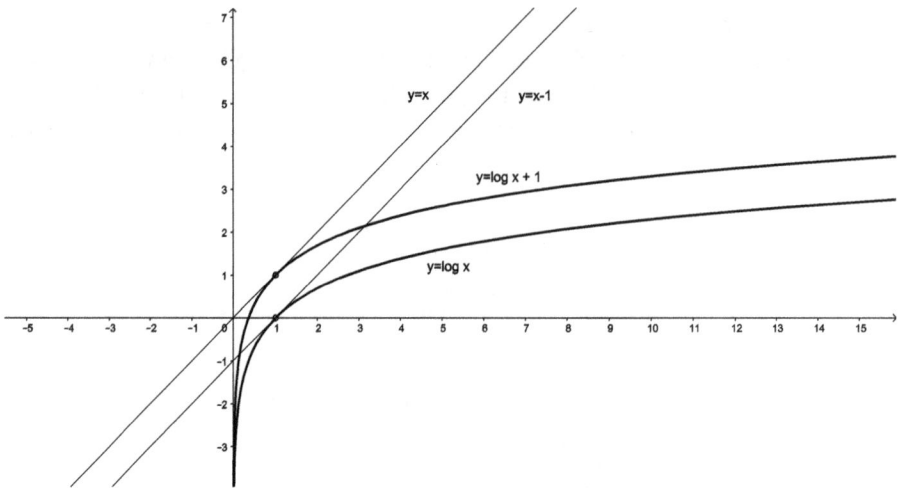

Abb. 4.2: Die Funktionen $\log x$ und $\log x + 1$.

Für $x = m$ erhalten wir aus (4.1)

$$\log(m-1)! < m\log m - (m-1) < \log m!$$
$$m - 1 + \log(m-1)! = m - 1 + \log m! - \log m < m\log m < m - 1 + \log m!$$

und daher

$$\log m! = m\log m + O(m). \tag{4.2}$$

Die Primzahlzerlegung von $m! = \prod_{p\leq m} p^{\left(\sum_{p^k\leq m}\left[\frac{m}{p^k}\right]\right)}$ (Satz M.1) liefert uns

$$\log m! = \sum_{k=1}^{\infty} \sum_{p^k\leq m} \left[\frac{m}{p^k}\right]\log p$$

$$= \sum_{n\leq m} \left[\frac{m}{n}\right]\Lambda(n)$$

$$= \sum_{n\leq m} \left(\frac{m}{n} - \varepsilon_n\right)\Lambda(n) \qquad 0 \leq \varepsilon_n < 1$$

$$= \sum_{n\leq m} m\frac{\Lambda(n)}{n} - \sum_{n\leq m} \varepsilon_n\Lambda(n). \tag{4.3}$$

Hier argumentieren wir

$$\sum_{n\leq m} \varepsilon_n\Lambda(n) \leq \sum_{n\leq m} \Lambda(n) = \psi(m) = O(m)$$

(nach den Sätzen 2.1 und 3.1 ist $\limsup_{x\to\infty} \frac{\psi(x)}{x} \leq 4\log 2$).

Die Gleichungen (4.3) und (4.2) ergeben für ein beliebiges $x \in \mathbb{R}^+$ und $m = [x]$

$$\sum_{n \leq x} \frac{\Lambda(n)}{n} = \frac{\log m!}{m} + \frac{O(m)}{m}$$

$$= \log[x] + O(1) + \log x - \log x$$

$$= \log x + \log \frac{[x]}{x} + O(1)$$

$$= \log x + O(1), \quad \text{da } \lim_{x \to \infty} \log \frac{[x]}{x} = 0.$$

(b) Wir stützen uns auf das vorherige Resultat und schätzen aus diesem Grund folgendermaßen ab:

$$\sum_{n \leq x} \frac{\Lambda(n)}{n} = \sum_{k=1}^{\infty} \sum_{p^k \leq x} \frac{\log p}{p^k} \leq \sum_{p \leq x} \sum_{k=1}^{\infty} \frac{\log p}{p^k}.$$

$$0 \leq \sum_{n \leq x} \frac{\Lambda(n)}{n} - \sum_{p \leq x} \frac{\log p}{p} \leq \sum_{p \leq x} \left(\frac{1}{p^2} + \frac{1}{p^3} + \cdots \right) \log p$$

$$< \sum_{p \in \mathbb{P}} \frac{1}{p^2} \left(\frac{1}{1 - \frac{1}{p}} \right) \log p$$

$$= \sum_{p \in \mathbb{P}} \frac{\log p}{p(p - 1)}$$

$$< \sum_{n=2}^{\infty} \frac{\log n}{n(n - 1)} \quad \text{(wir benützen } \frac{\log n}{n - 1} = o\left(\frac{1}{\sqrt{n}} \right) \text{ für } n \to \infty)$$

$$< C \sum_{n=2}^{\infty} \frac{1}{n \cdot \sqrt{n}} < \infty$$

$$\sum_{p \leq x} \frac{\log p}{p} < \sum_{n \leq x} \frac{\Lambda(n)}{n} < \sum_{p \leq x} \frac{\log p}{p} + O(1).$$

Hier berufen wir uns auf das Resultat von (a):

$$\sum_{p \leq x} \frac{\log p}{p} = \log x + O(1).$$

(c) Hier verwenden wir die ABEL-Summation (Anhang A) mit $\lambda_n = p_n = n$-te Primzahl,

$$a_n = \frac{\log p_n}{p_n}, \quad v(x) = \frac{1}{\log x}.$$

Wegen (b) können wir setzen

$$A(x) = \sum_{p_n \leq x} \frac{\log p_n}{p_n} = \log x + C(x) \qquad 0 \leq |C(x)| \leq C, \ C(x) \text{ stückweise stetig}$$

$$\sum_{p \leq x} \frac{1}{p} = \sum_{p \leq x} \frac{\log p}{p} \cdot \frac{1}{\log p}$$

$$= \frac{A(x)}{\log x} + \int_2^x \frac{A(t)}{t(\log t)^2}\, dt$$

$$= 1 + \frac{C(x)}{\log x} + \int_2^x \frac{dt}{t \log t} + \int_2^x \frac{C(t)\, dt}{t(\log t)^2}$$

$$= 1 + \frac{C(x)}{\log x} + \log\log x - \log\log 2 + \int_2^\infty \frac{C(t)}{t(\log t)^2}\, dt - \int_x^\infty \frac{C(t)}{t(\log t)^2}\, dt$$

$$\int_x^\infty \frac{1}{t(\log t)^2}\, dt = \frac{1}{\log x}$$

$$= \log\log x + C_1 + O\left(\frac{1}{\log x}\right).$$

(Hier ist $C_1 = 1 - \log\log 2 + \int_2^\infty \frac{C(t)}{t(\log t)^2}\, dt$)

(d) Hier verwenden wir die Gleichung $\psi(x) = \sum_{n \leq x} \Lambda(n)$ aus § 2, (b)).

$$\int_1^x \frac{\psi(t)}{t^2}\, dt = \int_1^x \frac{1}{t^2} \sum_{n \leq t} \Lambda(n)\, dt$$

$$= \int_1^x \frac{1}{t^2} \sum_{t \geq n} \Lambda(n)\, dt$$

$$= \sum_{n \leq x} \Lambda(n) \int_n^x \frac{dt}{t^2}$$

$$= \Lambda(1) \int_1^x \frac{dt}{t^2} + \Lambda(2) \int_2^x \frac{dt}{t^2} + \cdots + \Lambda([x]) \int_{[x]}^x \frac{dt}{t^2}$$

$$= \sum_{n \leq x} \Lambda(n) \left(\frac{1}{n} - \frac{1}{x}\right)$$

$$= \sum_{n \leq x} \frac{\Lambda(n)}{n} - \frac{1}{x} \psi(x)$$

$$= \log x + O(1) \qquad \text{(wegen (a) und den Sätzen 2.1 und 3.1)} \qquad \square$$

§ 5 Die RIEMANNsche zeta-Funktion auf $]1, \infty[$

Definition 5.a. Für $s > 1$ heißt $\zeta :]1, \infty[\to \mathbb{R}$, $\zeta(s) = \sum_{n=1}^{\infty} \frac{1}{n^s}$ die *RIEMANNsche zeta-Funktion*.

Da $f(n) = \frac{1}{n^s}$ eine stark multiplikative Funktion auf $\mathbb{N}$ ist, liefert uns Satz P.3 (c) des Anhanges P „Unendliche Produkte" die Darstellung von ζ als ein auf $]1, \infty[$ von 0 verschiedenes sogenanntes EULER-Produkt.

Satz 5.1. *Für* $1 < s < \infty$ *gilt*

$$\zeta(s) = \prod_{p \in \mathbb{P}} \left(1 - \frac{1}{p^s}\right)^{-1} \neq 0.$$

Wir wissen, dass $\sum_{n=1}^{\infty} \frac{1}{n}$ divergiert. Es ist also interessant, sich ein Bild vom Verhalten der zeta-Funktion für $s \to 1$ zu verschaffen. Die bereits in § 1 angewandte Methode, für eine monoton fallende Funktion f von s die Summe $\sum_{n \leq x} f(n)$ mit dem Integral $\int_{t=1}^{x} f(t)\, dt$ der Funktion f zu vergleichen, liefert hier

$$\frac{1}{s-1} = \int_{1}^{\infty} \frac{dt}{t^s} < \zeta(s) = \sum_{n=1}^{\infty} \frac{1}{n^s} < 1 + \int_{1}^{\infty} \frac{dt}{t^s} = 1 + \frac{1}{s-1}$$

$$0 < \zeta(s) - \frac{1}{s-1} = \theta_s < 1$$

$$\zeta(s) = \frac{1}{s-1} + \theta_s = \frac{1}{s-1} + O(1) \quad \text{für } s \searrow 1 \tag{5.1}$$

$$0 < (s-1)\zeta(s) - 1 < s - 1 \searrow 0 \quad (s \searrow 1).$$

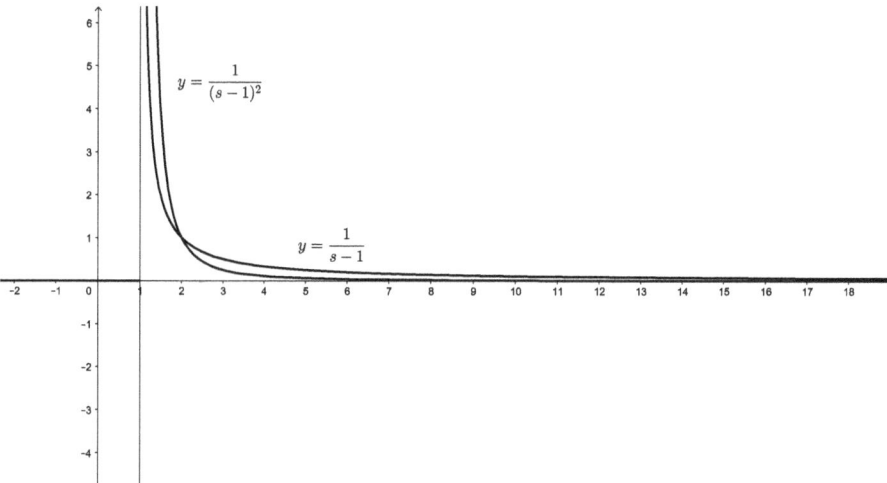

Abb. 5.1: Die Funktionen $(s-1)^{-1}$ und $(s-1)^{-2}$.

Wir erhalten

Satz 5.2.

$$\lim_{s \searrow 1}(s - 1)\zeta(s) = 1.$$

Eine weitere Frage ist die nach der Differenzierbarkeit der zeta-Funktion. Hier erinnern wir uns an den Satz aus der Analysis (Satz G.1), wonach eine konvergente Reihe von Funktionen auf einem Intervall I gliedweise differenzierbar ist. wenn die formal gliedweise differenzierte Reihe auf I gleichmäßig konvergiert.

Hier stellt sich heraus, dass diese Bedingung für jedes endliche Intervall $I =]a, b[, 1 \leq a < b < \infty$ erfüllt ist: Es sei $\delta > 0$ beliebig klein. Dann ist $\lim_{x \searrow 1} \frac{\log x}{x^{\delta/2}} = \lim_{x \to \infty} \frac{\log x}{x^{\delta/2}} = 0$, also $\frac{\log n}{n^{\delta/2}}$ auf $]1, \infty[$ durch eine Konstante $C(\delta)$ beschränkt. Für $s \geq 1 + \delta > 1$ ist

$$\zeta(s) = \sum_{n=1}^{\infty} \frac{1}{n^s} \leq \sum_{n=1}^{\infty} \frac{1}{n^{1+\delta}} = \zeta(1 + \delta) < \infty$$

$$\sum_{n=1}^{\infty} \frac{\log n}{n^s} \leq \sum_{n=1}^{\infty} \frac{\log n}{n^{\delta/2}} \cdot \frac{1}{n^{1+\delta/2}} \leq C(\delta) \sum_{n=1}^{\infty} \frac{1}{n^{1+\delta/2}} = C(\delta)\zeta\left(1 + \frac{\delta}{2}\right) < \infty.$$

Da dies unabhängig von der Wahl von $s \geq 1 + \delta$ ist, zeigt sich $\sum_{n=1}^{\infty} \frac{\log n}{n^s}$ auf $]1 + \delta, \infty[$ gleichmäßig konvergent. Deshalb ist die zeta-Funktion für alle $s > 1$ gliedweise differenzierbar und $\zeta'(s) = -\sum_{n=1}^{\infty} \frac{\log n}{n^s}$.

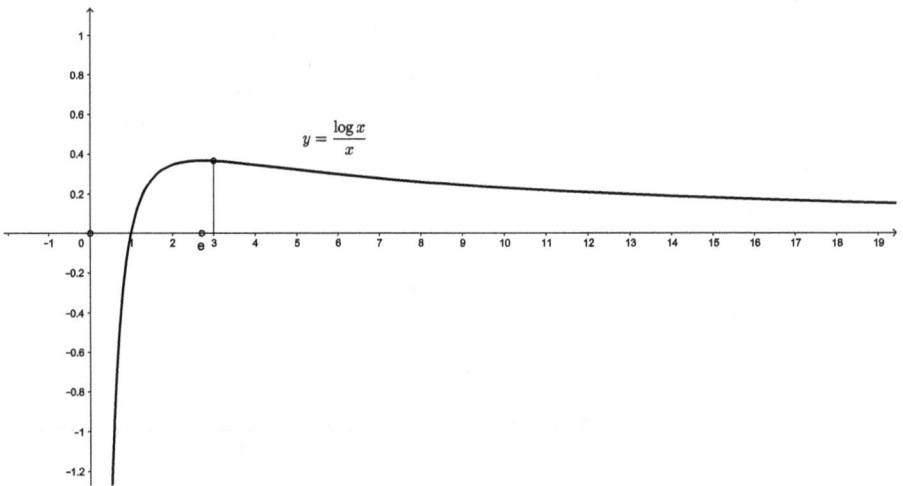

Abb. 5.2: Die Funktion $(\log x)/x$.

Angesichts der Verwandtschaft zwischen der zeta-Funktion und der Funktion $\frac{1}{s-1}$ (5.1) erhebt sich die Frage, ob eine ähnliche Verwandtschaft der Ableitung der zeta-Funktion mit der Funktion $-\frac{1}{(s-1)^2}$ besteht. Tatsächlich gilt

Satz 5.3.

$$\zeta'(s) = -\sum_{n=1}^{\infty} \frac{\log n}{n^s} = -\frac{1}{(s-1)^2} + O(1) \quad (s \searrow 1).$$

Beweis. Um wieder zum Zwecke einer Abschätzung Summe und Integral vergleichen zu können, untersuchen wir die Ableitung nach x der Funktion $g(x) = \frac{\log x}{x^s}$ auf $]1, \infty[$:

$$g'(x) = \frac{1}{x^{s+1}} - s\frac{\log x}{x^{s+1}}.$$

Diese Ableitung ist negativ, sobald $1 < s \log x$, was gleichbedeutend ist mit $\frac{1}{s} < \log x$ und $e^{1/s} < x$. Unter der Voraussetzung $s > 1$ ist das jedenfalls erfüllt für $x \geq 3 > e > e^{1/s}$. Es folgt, dass nicht nur die Funktion g für $s \geq 3$ monoton fällt, sondern auch die Glieder der Reihe

$$-\zeta'(s) - \frac{\log 2}{2^s} = \sum_{n=3}^{\infty} \frac{\log n}{n^s}$$

für $n \to \infty$ eine monoton fallende Folge $\{\frac{\log n}{n^s}\}_{n=3}^{\infty}$ bilden. Wir können also, wie bereits in §1 beim Vergleich von $\sum_{n=1}^{\infty} \frac{1}{n}$ mit $\int_1^{\infty} \frac{dx}{x}$ getan, eine Abschätzung der Form

$$\sum_{n=4}^{\infty} \frac{\log n}{n^s} < \int_3^{\infty} \frac{\log x}{x^s}\, dx < \sum_{n=3}^{\infty} \frac{\log n}{n^s}$$

$$\left| \sum_{n=3}^{\infty} \frac{\log n}{n^s} - \int_3^{\infty} \frac{\log x}{x^s}\, dx \right| < \frac{\log 3}{3^s}$$

anwenden und erhalten

$$\left| -\zeta'(s) - \int_1^{\infty} \frac{\log x}{x^s}\, dx \right| = \left| \sum_{n=2}^{\infty} \frac{\log n}{n^s} - \int_1^{\infty} \frac{\log x}{x^s}\, dx \right|$$

$$= \left| \frac{\log 2}{2^s} + \sum_{n=3}^{\infty} \frac{\log n}{n^s} - \int_3^{\infty} \frac{\log x}{x^s}\, dx - \int_1^3 \frac{\log x}{x^s}\, dx \right|$$

$$\leq \frac{\log 2}{2^s} + \frac{\log 3}{3^s} + \int_1^3 \frac{\log x}{x^s}\, dx$$

$$< \frac{\log 2}{2} + \frac{\log 3}{3} + \int_1^3 \frac{\log x}{x}\, dx$$

$$= O(1) \quad \text{für} \quad s \searrow 1,$$

d. h., $-\zeta'$ hat für $s \searrow 1$ die gleiche Größenordnung wie $\int_1^\infty \frac{\log x}{x^s}\, dx$. Dieses Integral können wir folgendermaßen berechnen:

$$\int_1^\infty \frac{\log x}{x^s}\, dx = \int_0^\infty \frac{y}{e^{sy}} e^y\, dy \qquad (\log x = y,\; x = e^y,\; dx = e^y dy)$$

$$= \int_0^\infty y e^{y(1-s)}\, dy$$

$$= \frac{y e^{y(1-s)}}{1-s}\bigg|_0^\infty - \int_0^\infty \frac{e^{y(1-s)}}{1-s}\, dy$$

$$= 0 - \frac{e^{y(1-s)}}{(1-s)^2}\bigg|_0^\infty.$$

$$= \frac{1}{(s-1)^2}.\qquad\qquad\qquad\square$$

Die Ableitung $\zeta'(s)$ der zeta-Funktion wächst absolut also für $s \searrow 1$ schneller gegen Unendlich, als die zeta-Funktion selbst. In Ergänzung zu Satz 5.3 erhalten wir auch

Satz 5.4.

(a)
$$\lim_{s\searrow 1}(s-1)^2 \zeta'(s) = -1$$

(b)
$$\lim_{s\searrow 1}(s-1)\frac{\zeta'(s)}{\zeta(s)} = -1.$$

Die Aussage (b) kann auch geschrieben werden

$$(s-1)\frac{\zeta'(s)}{\zeta(s)} = -1 + o(1) \quad \text{für } s \searrow 1$$

oder

$$\frac{\zeta'(s)}{\zeta(s)} = -\frac{1}{s-1} + o\left(\frac{1}{s-1}\right) \quad \text{für } s \searrow 1.$$

Die Funktion $\frac{\zeta'}{\zeta}$ ist die Ableitung von $\log \zeta$. Aus

$$\zeta(s) = \prod_{p\in\mathbb{P}}\left(1 - \frac{1}{p^s}\right)^{-1}$$

ergibt sich (als konvergente Reihe mit positiven Gliedern kann $\sum_{p\in\mathbb{P}}\sum_{k=1}^\infty \frac{1}{kp^{ks}}$ umgeordnet werden, Satz U.1)

$$\log \zeta(s) = \sum_{p \in \mathbb{P}} \left[-\log\left(1 - \frac{1}{p^s}\right)\right] \tag{5.2}$$

$$= \sum_{p \in \mathbb{P}} \sum_{k=1}^{\infty} \frac{1}{kp^{ks}} \qquad \text{(die TAYLOR-Entwicklung von } -\log(1-x) \text{ ist } \sum_{k=1}^{\infty} \frac{x^k}{k})$$

$$< \sum_{p \in \mathbb{P}} \sum_{k=1}^{\infty} \frac{1}{p^{ks}}$$

$$< \sum_{n=1}^{\infty} \frac{1}{n^s} \qquad \text{(die vorherige Reihe berücksichtigt nur Primzahlpotenzen)}$$

$$\leq \sum_{n=1}^{\infty} \frac{1}{n^{1+\delta}} = \zeta(1 + \delta) \qquad \text{für } \delta > 0 \text{ und } s \geq (1 + \delta).$$

Beweis der gliedweisen Differenzierbarkeit der Reihenentwicklung von (5.2). Die letzte Ungleichung zeigt, dass die Reihe (5.2) für $s \geq 1 + \delta$ gleichmäßig konvergiert. Die gliedweise Ableitung dieser Reihe nach s ist

$$-\sum_{p \in \mathbb{P}} \sum_{k=1}^{\infty} \frac{k \log p}{kp^{ks}} = -\sum_{n=1}^{\infty} \frac{\Lambda(n)}{n^s}, \qquad \text{woraus wegen } \Lambda(n) \leq \log n \text{ folgt}$$

$$\sum_{p \in \mathbb{P}} \sum_{k=1}^{\infty} \frac{k \log p}{kp^{ks}} < \sum_{n=1}^{\infty} \frac{\log n}{n^s}$$

$$\leq \sum_{n=1}^{\infty} \frac{\log n}{n^{\delta/2}} \cdot \frac{1}{n^{1+\delta/2}} \qquad \text{(für } \delta > 0 \text{ und } s \geq 1 + \delta)$$

$$\leq C(\delta) \sum_{n=1}^{\infty} \frac{1}{n^{1+\frac{\delta}{2}}} \qquad \text{(wie in den Vorbemerkungen zu Satz 5.3)}$$

$$< \infty.$$

Damit haben wir uns von der gleichmäßigen Konvergenz der gliedweisen Ableitung der Reihendarstellung der Funktion $\frac{\zeta'(s)}{\zeta(s)} = (\log \zeta)'(s)$ überzeugt. $\square$

Satz 5.5.

$$\frac{\zeta'(s)}{\zeta(s)} = -\sum_{n=1}^{\infty} \frac{\Lambda(n)}{n^s}.$$

Eine bemerkenswerte Darstellung dieser Funktion ergibt sich noch aus einer Anwendung der ABEL-Summation, in der wir $\lambda_n = n$, $a_n = \Lambda(n)$, $A(x) = \sum_{n \leq x} \Lambda(n) = \psi(x)$, $v(x) = x^{-s}$ setzen:

$$\sum_{n \leq x} \Lambda(n) n^{-s} = \frac{\psi(x)}{x^s} + s \int_1^x \frac{\psi(t)}{t^{1+s}} \, dt.$$

Wenn x gegen unendlich geht, verschwindet der erste Summand auf der rechten Seite ($\psi(x) / x$ ist nach den Sätzen 2.1 und 3.1 beschränkt), und wir erhalten

Satz 5.6.

$$\frac{\zeta'(s)}{\zeta(s)} = -s \int_1^\infty \frac{\psi(t)}{t^{s+1}} \, dt \quad (1 < s \in \mathbb{R}).$$

Wir sind mit diesem Resultat in der Lage, den Satz 3.1 von TSCHEBYSCHEV in § 3 zu ergänzen.

Satz 5.7.

$$\liminf_{x \to \infty} \frac{\pi(x)}{x / \log x} \le 1 \le \limsup_{x \to \infty} \frac{\pi(x)}{x / \log x}.$$

Beweis. Wir stützen uns auf Satz 2.1 und verwenden die Bezeichnungen

$$\underline{a} = \liminf_{x \to \infty} \frac{\psi(x)}{x} = \liminf_{x \to \infty} \frac{\pi(x)}{x / \log x}$$

$$\overline{a} = \limsup_{x \to \infty} \frac{\psi(x)}{x} = \limsup_{x \to \infty} \frac{\pi(x)}{x / \log x}.$$

Aus Satz 3.1 wissen wir, dass $\log 2 \le \underline{a}$ und $\overline{a} \le 4 \log 2$ ist. Für $0 < \varepsilon < \underline{a}$ und ein hinreichend großes x_0 gilt also

$$0 < \underline{a} - \varepsilon < \frac{\psi(x)}{x} < \overline{a} + \varepsilon \quad \text{für alle } x \ge x_0.$$

Multiplikation dieser Ungleichungen mit x^{-s} und Integration von x_0 bis ∞ liefert

$$\int_{x_0}^\infty \frac{\underline{a} - \varepsilon}{x^s} \, dx < \int_{x_0}^\infty \frac{\psi(x)}{x^{s+1}} \, dx < \int_{x_0}^\infty \frac{\overline{a} + \varepsilon}{x^s} \, dx,$$

Im mittleren Term fehlt auf das Integral in Satz 5.6, abgesehen vom Faktor s, das Integral $\int_1^{x_0} \frac{\psi(x)}{x^{s+1}} \, dx$. Wir schätzen auch dieses ab und wählen zu diesem Zweck ein $s \in]1, 2[$, das wir später gegen 1 gehen lassen:

$$\underline{K} = \int_1^{x_0} \frac{\psi(x)}{x^3} \, dx < \int_1^{x_0} \frac{\psi(x)}{x^{s+1}} \, dx < \int_1^{x_0} \frac{\psi(x)}{x^2} \, dx = \overline{K}.$$

Addition der beiden Ungleichungsketten und Multiplikation mit s führen zu den Abschätzungen

$$s\left[\int_{x_0}^\infty \frac{\underline{a} - \varepsilon}{x^s} \, dx] + \underline{K} \right] < s \int_1^\infty \frac{\psi(x)}{x^{s+1}} \, dx < s\left[\int_{x_0}^\infty \frac{\overline{a} + \varepsilon}{x^s} \, dx + \overline{K} \right]$$

und aufgrund von Satz 5.6 zu

$$s(\underline{a} - \varepsilon) \frac{1}{1 - s} \frac{1}{x^{s-1}}\Big|_{x=x_0}^\infty + s\underline{K} < -\frac{\zeta'(s)}{\zeta(s)} < s(\overline{a} + \varepsilon) \frac{1}{1 - s} \frac{1}{x^{s-1}}\Big|_{x=x_0}^\infty + s\overline{K}$$

$$\frac{s(\underline{a} - \varepsilon)}{(s-1)x_0^{s-1}} + s\underline{K} < -\frac{\zeta'(s)}{\zeta(s)} < \frac{s(\overline{a} + \varepsilon)}{(s-1)x_0^{s-1}} + s\overline{K}$$

$$\frac{s(\underline{a} - \varepsilon)}{x_0^{s-1}} + s(s-1)\underline{K} < -(s-1)\frac{\zeta'(s)}{\zeta(s)} < \frac{s(\overline{a} + \varepsilon)}{x_0^{s-1}} + s(s-1)\overline{K}.$$

Für $s \searrow 1$ ergibt dies nach Satz 5.4

$$\underline{a} - \varepsilon < 1 < \overline{a} + \varepsilon$$

und wegen der Beliebigkeit von ε

$$\underline{a} \le 1 \le \overline{a}. \qquad \qquad \square$$

II Dirichlet-Reihen

§6 Der Begriff einer Dirichlet-Reihe

Da wir ab diesem Paragraphen in der komplexen Ebene $\mathbb{C}$ arbeiten werden, schicken wir zwei Feststellungen voraus, die wir öfter anwenden werden: für $s = \sigma + i\tau \in \mathbb{C}$, $(\sigma, \tau) \in \mathbb{R}^2$ und $0 < n \in \mathbb{R}$ ist $|n^s| = |n^\sigma||n^{i\tau}| = n^\sigma$, $\mathbb{R}(\log n^s) = \mathbb{R}[(\sigma + i\tau)\log n] = \sigma \log n = \mathbb{R}(s)\log n$. Außerdem werden wir zwecks Abkürzung der Schreibweise für reelles η die Terminologie $\mathbb{C}_\eta = \{s \in \mathbb{C} : \mathbb{R}(s) > \eta\}$ verwenden, also z. B. $\mathbb{C}_0$ für $\mathbb{C}_+ = \{s \in \mathbb{C} : \mathbb{R}(s) > 0\}$.

Die zeta-Funktion lässt sich als Reihe von e-Potenzen schreiben, was einige Eigenschaften, die sie mit anderen Funktonen teilt, zu klären hilft:

$$\zeta(s) = \sum_{n=1}^\infty \frac{1}{n^s} = \sum_{n=1}^\infty e^{-s\log n} \quad (s > 1).$$

Eine Verallgemeinerung hiervon ist der folgende Begriff:

Definition 6.a. Eine *Dirichlet-Reihe* mit der Exponentenfolge $\{\lambda_n\}_{n=1}^\infty$ $(0 \leq \lambda_n \nearrow \infty)$ ist eine Reihe von der Form

$$f(z) = \sum_{n=1}^\infty a_n e^{-\lambda_n z} \quad (a_n \in \mathbb{C}, \ z \in \mathbb{C}).$$

Ähnlich wie eine Potenzreihe, die einen Konvergenzradius ρ besitzt und für $|z| < \rho$ lokal gleichmäßig konvergiert, aber für $|z| > \rho$ divergiert, besitzt eine Dirichlet-Reihe eine *Konvergenz-Abszisse* ρ, mit der Eigenschaft, dass sie für $\mathbb{R}(z) > \rho$ lokal gleichmäßig konvergiert, für $\mathbb{R}(z) < \rho$ aber divergiert.

Satz 6.1. *Wenn die Dirichlet-Reihe $\sum_{n=1}^\infty a_n e^{-\lambda_n z}$ in $z = z_0 \in \mathbb{C}$ konvergiert, dann konvergiert sie für alle $\alpha \in]0, \frac{\pi}{2}[$ gleichmäßig in jeder sektoralen Menge*

$$M(z_0, \alpha) := \{z \in \mathbb{C} : \mathbb{R}(z) \geq \mathbb{R}(z_0), |\arg(z - z_0)| < \alpha\}.$$

Beweis. Wir schreiben

$$\sum_{n=1}^\infty a_n e^{-\lambda_n z} = \sum_{n=1}^\infty a_n e^{-\lambda_n z_0} e^{-\lambda_n(z-z_0)}$$

$$= \sum_{n=1}^\infty a_n' e^{-\lambda_n z'} \quad (a_n' = a_n e^{-\lambda_n z_0}, \ z' = z - z_0)$$

und lassen den Apostrophen wieder weg, nehmen also ohne Einschränkung der Allgemeinheit $z_0 = 0$ an. Wir haben zu zeigen, dass für jedes $\varepsilon > 0$ ein $m_\varepsilon \in \mathbb{N}$ existiert derart, dass $k \geq m \geq m_\varepsilon$ impliziert, dass für alle $z \in M(0, \alpha)$ die Abschätzung

$$\left| \sum_{n=m}^k a_n e^{-\lambda_n z} \right| < \varepsilon$$

https://doi.org/10.1515/9783110500035-004

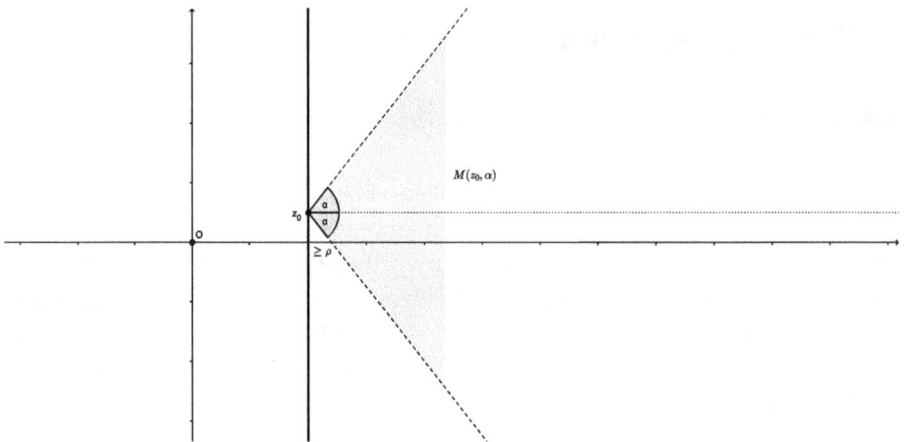

Abb. 6.1: Die sektorale Menge $M(z_0, \alpha)$.

zutrifft. Diese Abschätzung trifft nach Voraussetzung zu für $z = 0$. Für $0 \neq z \in M(0, \alpha)$ und $j \geq m$ setzen wir $A_{m,j} := \sum_m^j a_n$ und erhalten durch ABEL-Summation (wobei $v(\lambda) = e^{-\lambda z}$)

$$\sum_{n=m}^{k} a_n e^{-\lambda_n z} = A_{m,k} e^{-\lambda_k z} - \sum_{j=m}^{k-1} A_{m,j}(e^{-\lambda_{j+1} z} - e^{-\lambda_j z}).$$

Abschätzungen der rechten Seite erhalten wir für $z = x + iy$ ($x > 0$) durch

$$|A_{m,j}| < \varepsilon \quad \text{für } j \geq m \geq m_\varepsilon \qquad (\text{weil } \sum_{n=1}^{\infty} a_n \text{ konvergiert})$$

$$e^{-\lambda_{j+1} z} - e^{-\lambda_j z} = -z \int_{\lambda_j}^{\lambda_{j+1}} e^{-tz}\, dt$$

$$|e^{-\lambda_{j+1} z} - e^{-\lambda_j z}| \leq |z| \int_{\lambda_j}^{\lambda_{j+1}} e^{-tx}\, dt$$

$$= \frac{|z|}{x}(e^{-\lambda_j x} - e^{-\lambda_{j+1} x})$$

$$\leq \frac{1}{\cos \alpha}(e^{-\lambda_j x} - e^{-\lambda_{j+1} x}) \quad (\frac{x}{|z|} = \cos \arg z \geq \cos \alpha)$$

$$\left| \sum_{n=m}^{k} a_n e^{-\lambda_n z} \right| \leq \varepsilon e^{-\lambda_k x} + \varepsilon \frac{1}{\cos \alpha} \sum_{j=m}^{k-1} (e^{-\lambda_j x} - e^{-\lambda_{j+1} x})$$

$$= \varepsilon e^{-\lambda_k x} + \frac{\varepsilon}{\cos \alpha}(e^{-\lambda_m x} - e^{-\lambda_k x})$$

$$< \varepsilon \left(1 + \frac{1}{\cos \alpha}\right) \qquad ((e^{-\lambda_m x} - e^{-\lambda_k x}) < e^{-\lambda_m x} < 1).$$

$\varepsilon(1 + \frac{1}{\cos \alpha})$ wird durch geeignete Wahl von ε beliebig klein. $\qquad \square$

Satz 6.2 (Folgerung). *Die Reihe $\sum_{n=1}^{\infty} a_n e^{-\lambda_n z}$ konvergiert lokal gleichmäßig in der offenen Halbebene $\{z \in \mathbb{C} : \mathfrak{R}(z) > \mathfrak{R}(z_0)\}$ zu einer dort holomorphen Funktion.*

Wir berufen uns dabei auf Satz H.3 von WEIERSTRASS.

Definition 6.b. Die Zahl $\rho := \inf\{\mathfrak{R}(z_0) : \sum_{n=1}^{\infty} a_n e^{-\lambda_n z_0} \text{ konvergiert}\}$ heißt *Konvergenzabszisse* der DIRICHLET-Reihe $\sum_{n=1}^{\infty} a_n e^{-\lambda_n z}$.

Für $z = \rho$ braucht die DIRICHLET-Reihe nicht zu konvergieren, wie das Beispiel $\sum_{n=1}^{\infty} e^{-z \log n}$ mit $\rho = 1$ zeigt. Die Konvergenzabszisse ρ kann auch die Werte $-\infty$ und $+\infty$ annehmen, z. B. für $\sum_{n=1}^{\infty} \frac{e^{-nz}}{n!}$ und für $\sum_{n=1}^{\infty} n! e^{-nz}$, als Potenzreihen mit $t = e^{-z}$ geschrieben als $\sum_{n=1}^{\infty} \frac{t^n}{n!} = e^t$ bzw. $\sum_{n=1}^{\infty} n! t^n$.

Satz 6.3 (Folgerung). *Die DIRICHLET-Reihe $\sum_{n=1}^{\infty} a_n e^{-\lambda_n z}$ konvergiert lokal gleichmäßig in der Halbebene $\mathbb{C}_\rho := \{z \in \mathbb{C} : \mathfrak{R}(z) > \rho\}$ zu einer dort holomorphen Funktion, die in einem Konvergenzpunkt z_0 der DIRICHLET-Reihe mit $\mathfrak{R}(z_0) = \rho$ in jeder Menge $M(z_0, \alpha)$ $(0 < \alpha < \frac{\pi}{2})$ auch noch stetig ist.*

Eine in einem Punkt beliebig oft differenzierbare Funktion besitzt eine eindeutig definierte TAYLOR-Reihe. Ähnlich ist es bei der Darstellung einer auf einer rechtsseitigen offenen Halbebene von $\mathbb{C}$ holomorphen Funktion durch DIRICHLET-Reihen.

Satz 6.4. *Die Darstellung einer Funktion f als DIRICHLET-Reihe, die in einem Punkt z_0 gegen $f(z_0) \in \mathbb{C}$ konvergiert, ist eindeutig.*

Beweis. Wir nehmen an, für $\mathfrak{R}(z) \geq \mathfrak{R}(z_0)$ wäre

$$f(z) = \sum_{n=1}^{\infty} a_n e^{-\lambda_n z} = \sum_{n=1}^{\infty} b_n e^{-\mu_n z}.$$

Subtraktion der rechten von der linken Seite liefert für $z \in M(z_0, \alpha)$ $(0 < \alpha < \frac{\pi}{2})$ die Gleichung $0 = \sum_{n=1}^{\infty} c_n e^{-\nu_n z}$, in der ν_n entweder gleich einem λ_m oder gleich einem μ_m ist. Für $z = z_0$ liefert das die Gleichungen

$$0 = \sum_{n=1}^{\infty} c_n e^{-\nu_n z_0}$$

$$= \sum_{n=1}^{\infty} c_n e^{-(\nu_n - \nu_1)z_0} \quad \text{(Multiplikation mit } e^{\nu_1 z_0})$$

$$-c_1 = \sum_{n=2}^{n_\varepsilon} c_n e^{-(\nu_n - \nu_1)z_0} + \sum_{n=n_\varepsilon+1}^{\infty} c_n e^{-(\nu_n - \nu_1)z_0},$$

wobei n_ε so groß gewählt wird, dass die zweite Summe für alle $z \in M(z_0, \alpha)$ dem Betrag nach kleiner als ein vorgegebenes ε wird (die Reihe ist in $M(z_0, \alpha)$ gleichmäßig konvergent). Für z_0 mit hinreichend großem Realteil wird auch die erste der beiden Summen dem Betrag nach kleiner als ε, also ist der Betrag von c_1 kleiner als 2ε. Da ε beliebig klein angenommen werden kann, folgt $c_1 = 0$ und damit $\lambda_1 = \mu_1$ und $a_1 = b_1$. Eine analoge Überlegung für die DIRICHLET-Reihen $\sum_{n=k}^{\infty} a_n e^{-\lambda_n z} = \sum_{n=k}^{\infty} b_n e^{-\mu_n z}$ $(k = 2, 3, \ldots)$

zeigt, dass $c_k = 0$, woraus folgt, dass für alle $k \in \mathbb{N}$ $\lambda_k = \mu_k$ und $a_k = b_k$ ist. Damit ist auch die Konvergenzabszisse der f darstellenden Dirichlet-Reihe eindeutig bestimmt. $\square$

Wir notieren noch ein bemerkenswertes Resultat;

Satz 6.5. *Es sei ρ die Konvergenzabszisse der Dirichlet-Reihe $\sum_{n=1}^{\infty} a_n e^{-\lambda_n z}$ und ρ^+ die Konvergenzabszisse der Dirichlet-Reihe $\sum_{n=1}^{\infty} |a_n| e^{-\lambda_n z}$. Dann gilt $\rho^+ \geq \rho$.*

Beweis. Jede reelle Potenz von e ist positiv, also besagt die Konvergenz von

$$\sum_{n=1}^{\infty} |a_n| e^{-\lambda_n z_0} \qquad (z_0 \in \mathbb{R}),$$

dass $\sum_{n=1}^{\infty} a_n e^{-\lambda_n z_0}$ absolut konvergiert, d. h. $\rho \leq z_0$. $\square$

Beispielsweise hat die Dirichlet-Reihe $\sum_{n=1}^{\infty} \frac{(-1)^{n+1}}{n^s} = \sum_{n=1}^{\infty} (-1)^{n+1} e^{-s \log n}$ die Konvergenzabszisse $\rho = 0$, die zeta-Funktion $\zeta(s) = \sum_{n=1}^{\infty} \frac{1}{n^s} = \sum_{n=1}^{\infty} e^{-s \log n}$ aber die Konvergenzabszisse $\rho^+ = 1$.

Satz 6.6. *Die Ableitungen der Funktion $f(z) = \sum_{n=1}^{\infty} a_n e^{-\lambda_n z}$ sind in $\mathbb{C}_\rho = \{z \in \mathbb{C} : \mathfrak{R}(z) > \rho\}$ durch gliedweise Ableitungen der Reihe gegeben, d. h. $f^{(k)}(z) = \sum_{n=1}^{\infty} a_n (-\lambda_n)^k e^{-\lambda_n z}$.*

Beweis. Die Behauptung folgt aus Statz 6.3 und Satz H.3. $\square$

§ 7 Spezielle Dirichlet-Reihen

Spezielle Eigenschaften einer Dirichlet-Reihe, die auch die zeta-Funktion besitzt, sind positive Koeffizienten a_n und Potenzen von n als e-Potenzen. Nach Satz 6.6 ist die k-te Ableitung so einer Dirichlet-Reihe in $\mathbb{C}_\rho$ durch gliedweise Differentiation zu erhalten.

Satz 7.1. *Es sei $a_n > 0$ für alle $n \in \mathbb{N}$ und ρ die Konvergenzabszisse der Dirichlet-Reihe $\sum_{n=1}^{\infty} a_n e^{-\lambda_n z}$. Dann hat jede analytische Fortsetzung f der durch diese Reihe für $z \in \mathbb{C}_\rho$ gegebenen Funktion in eine Umgebung des Punktes $z = \rho$ in diesem Punkt eine Singularität.*

Beweis. Ohne Einschränkung der Allgemeinheit (wie schon in §6) nehmen wir $\rho = \rho^+ = 0$ an. Wenn f im Punkt 0 keine Singularität hat, ist f in einer kreisförmigen Umgebung von 0 mit dem Radius $\eta > 0$ holomorph und deshalb (rechts von der Konvergenzabsisse 0 ist f holomorph) in einer kreisförmigen Umgebung des Punktes 1 mit einem Radius $1 + 2\varepsilon$ ($\varepsilon > 0$) in eine Potenzreihe entwickelbar (Abb. 7.1).

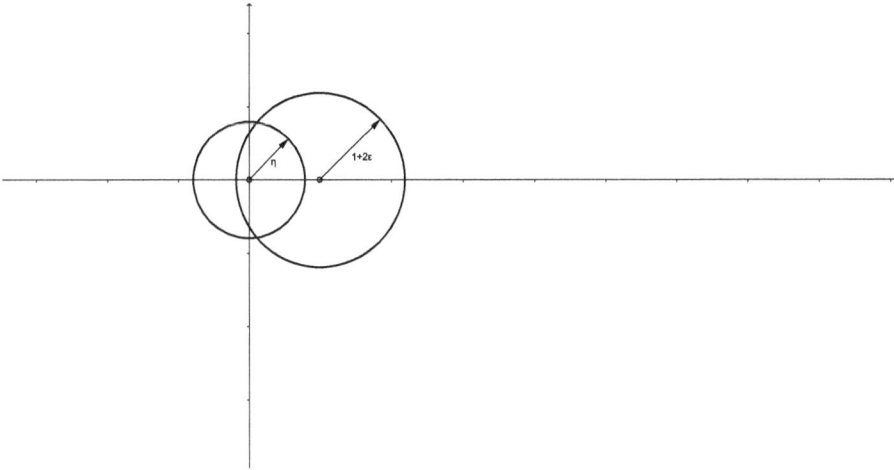

Abb. 7.1: Konvergenzkreise der Funktion f.

Dann ist

$$f(z) = \sum_{k=0}^{\infty} \frac{f^{(k)}(1)}{k!}(z-1)^k \quad \text{für } |z-1| < 1 + 2\varepsilon$$

$$f(-\varepsilon) = \sum_{k=0}^{\infty} \frac{f^{(k)}(1)}{k!}(-1-\varepsilon)^k, \qquad\qquad (f^{(k)}(z) = \sum_{n=1}^{\infty} a_n(-\lambda_n)^k e^{-\lambda_n z} \text{ nach Satz 6.6})$$

$$= \sum_{k=0}^{\infty} \frac{(1+\varepsilon)^k}{k!} \sum_{n=1}^{\infty} a_n \lambda_n^{\,k} e^{-\lambda_n}$$

(die Reihe hat nur positive Glieder, kann also umgeordnet werden)

$$= \sum_{n=1}^{\infty} a_n e^{-\lambda_n} \sum_{k=0}^{\infty} \frac{\lambda_n^k (1+\varepsilon)^k}{k!}$$

$$= \sum_{n=1}^{\infty} a_n e^{-\lambda_n} e^{\lambda_n(1+\varepsilon)}$$

$$= \sum_{n=1}^{\infty} a_n e^{-\lambda_n(-\varepsilon)}.$$

Das steht aber im Widerspruch zur Voraussetzung der Divergenz der Dirichlet-Reihe $\sum_{n=1}^{\infty} a_n e^{-\lambda_n z}$ für $\mathbb{R}(z) < 0$. $\qquad\qquad\square$

Eine spezielle Situation tritt auch auf bei DIRICHLET-Reihen der Form $\sum_{n=1}^{\infty} \frac{a_n}{n^s}$ ($\lambda_n = \log n$).

Satz 7.2. *Wenn die DIRICHLET-Reihe $\sum_{n=1}^{\infty} \frac{a_n}{n^s}$ für $\Re(s) > \rho$ konvergiert, dann konvergiert die Reihe $\sum_{n=1}^{\infty} |\frac{a_n}{n^s}|$ für $\Re(s) > \rho + 1$, d. h. $\rho^+ \leq \rho + 1$.*

Beweis. Für ein beliebiges $\varepsilon > 0$ impliziert die Konvergenz der Reihe $\sum_{n=1}^{\infty} \frac{a_n}{n^{\rho+\varepsilon}}$, dass $\lim_{n\to\infty} \frac{a_n}{n^{\rho+\varepsilon}} = 0$. Für $\Re(s) = \rho + 1 + 2\varepsilon$ erhalten wir deshalb

$$\sum_{n=1}^{\infty} \left|\frac{a_n}{n^s}\right| = \sum_{n=1}^{\infty} \frac{|a_n|}{n^{\rho+1+2\varepsilon}} = \sum_{n=1}^{\infty} \frac{|a_n|}{n^{\rho+\varepsilon}} \cdot \frac{1}{n^{1+\varepsilon}} < \infty. \qquad \square$$

Satz 7.3. *Wenn $|a_n| < K \; \forall n \in \mathbb{N}$, dann ist für jedes $\varepsilon > 0$ die Reihe $\sum_{n=1}^{\infty} |\frac{a_n}{n^s}|$ (und deshalb auch die Reihe $\sum_{n=1}^{\infty} \frac{a_n}{n^s}$) in der abgeschlossenen Halbebene $\overline{\mathbb{C}_{1+\varepsilon}} = \{s \in \mathbb{C} : \Re(s) = \sigma \geq 1 + \varepsilon\}$ gleichmäßig konvergent. In der offenen Halbebene $\mathbb{C}_{1+\varepsilon} = \{s \in \mathbb{C} : \sigma > 1 + \varepsilon\}$ und, wegen der Beliebigkeit von $\varepsilon > 0$, in $\mathbb{C}_1$ ist ihre Grenzfunktion holomorph.*

Beweis. Wir verlassen uns auf das WEIERSTRASSsche Majorantenkriterium G.2 und stellen für $s \in \overline{\mathbb{C}_{1+\varepsilon}}$ fest

$$\sum_{n=1}^{\infty} \left|\frac{a_n}{n^s}\right| = \sum_{n=1}^{\infty} \frac{|a_n|}{n^\sigma} \leq \sum_{n=1}^{\infty} \frac{K}{n^{1+\varepsilon}} < \infty.$$

Eine Anwendung von Satz H.3 von WEIERSTRASS liefert die Behauptung. $\qquad \square$

Satz 7.4. *Wenn $\left|\sum_{n=m}^{k} a_n\right| \leq K$ für alle $(k, m) \in \mathbb{N}^2$ mit der Eigenschaft $k \geq m$, dann konvergiert $\sum_{n=1}^{\infty} \frac{a_n}{n^s}$ in der offenen Halbebene $\mathbb{C}_0$ zu einer holomorphen Funktion.*

Beweis. Eine DIRICHLET-Reihe mit Konvergenzabszisse ρ konvergiert für jede komplexe Zahl $s = \sigma + i\tau$, für die $\sigma = \Re(s) > \rho$. Es genügt also, zu zeigen, dass die DIRICHLET-Reihe $\sum_{n=1}^{\infty} \frac{a_n}{n^\sigma}$ für alle $\sigma > 0$ konvergiert. Wir weisen dies mittels ABEL-Summation nach, in der wir, für $j \geq m$, $A_{m,j} = \sum_{n=m}^{j} a_n$ und $b_j = \frac{1}{j^\sigma}$ setzen. Wir erhalten

$$\sum_{n=m}^{k} \frac{a_n}{n^\sigma} = A_{m,k} \frac{1}{k^\sigma} - \sum_{j=m}^{k-1} A_{m,j} \left(\frac{1}{(j+1)^\sigma} - \frac{1}{j^\sigma}\right)$$

$$\left|\sum_{n=m}^{k} \frac{a_n}{n^\sigma}\right| \leq \frac{K}{k^\sigma} + K \sum_{j=m}^{k-1} \left(\frac{1}{j^\sigma} - \frac{1}{(j+1)^\sigma}\right)$$

$$= \frac{K}{m^\sigma} \leq \varepsilon \quad \text{für } m \geq \sqrt[\sigma]{\frac{K}{\varepsilon}}. \qquad \square$$

§8 Die RIEMANNsche zeta-Funktion auf der komplexen Halbebene $\mathbb{C}_0 = \{s \in \mathbb{C} : \Re(s) > 0\}$

Auf dem Weg zum Primzahlsatz können wir bereits einige wesentliche Eigenschaften der zeta-Funktion festhalten.

(A) Durch die Definition

$$\zeta(s) = \sum_{n=1}^{\infty} \frac{1}{n^s} \qquad (s = \sigma + i\tau \in \mathbb{C})$$

ist eine in zweifacher Hinsicht spezielle DIRICHLET-Reihe definiert: $a_n = 1 > 0$, $\lambda_n = \log n$. Ihre Konvergenzabszisse ist $\rho = 1$ (Satz 7.1) und sie konvergiert in der Halbebene $\mathbb{C}_1 = \{s \in \mathbb{C} : \Re(s) > 1\}$ lokal gleichmäßig zu einer dort holomorphen Funktion (Satz 6.2).

(B) Die Reihen $\sum_{n=1}^{\infty} \frac{1}{n^s}$ und $\sum_{n=1}^{\infty} \frac{1}{|n^s|}$ konvergieren gleichmäßig in jeder abgeschlossenen Halbebene $\overline{\mathbb{C}_{1+\varepsilon}} = \{s \in \mathbb{C} : \Re(s) \geq 1 + \varepsilon,\ \varepsilon > 0\}$ (Satz 7.3).

(C) Da die zahlentheoretische Funktion $f(n) = \frac{1}{n^s}$ stark multiplikativ ist (Definition P.a), lässt sich nach Satz P.3 (c) die zeta-Funktion in der Halbebene $\{s \in \mathbb{C} : \Re(s) > 1\}$ durch ein EULER-Produkt darstellen (Satz 5.1):

$$\zeta(s) = \prod_{p \in \mathbb{P}} \frac{1}{1 - \frac{1}{p^s}}.$$

(D) **Satz 8.1.** $\zeta(s) \neq 0$ in $\mathbb{C}_1 = \{s \in \mathbb{C} : \Re(s) > 1\}$.

(EULERsche Produkte sind immer $\neq 0$).

Wir können den Definitionsbereich der zeta-Funktion auf die offene komplexe Halbebene $\mathbb{C}_0 = \{s \in \mathbb{C} : \Re(s) > 0\}$ erweitern. Einen Vorgeschmack liefern die folgenden Überlegungen: Die DIRICHLET-Reihe $\sum_{n=1}^{\infty} \frac{(-1)^{n+1}}{n^s}$ hat die Konvergenzabszisse $\rho = 0$. Die Funktion $g(s) := \sum_{n=1}^{\infty} \frac{(-1)^{n+1}}{n^s}$ ist nach Satz 6.3 holomorph auf $\mathbb{C}_0$. Für $\Re(s) > 1$ (dort konvergiert die Reihe, die die Funktion g definiert, absolut, man kann sie deshalb (Satz U.1) dort umordnen) gilt

$$g(s) = \frac{1}{1^s} - \frac{1}{2^s} + \frac{1}{3^s} - + \cdots$$

$$= \sum_{n=1}^{\infty} \frac{1}{n^s} - 2\left(\frac{1}{2^s} + \frac{1}{4^s} + \cdots\right)$$

$$= \zeta(s) - 2 \cdot \frac{1}{2^s} \zeta(s)$$

$$= \left(1 - \frac{1}{2^{s-1}}\right)\zeta(s) = \frac{2^{s-1} - 1}{2^{s-1}} \zeta(s).$$

Der Zähler des letzten Bruches verschwindet für $s = s_k$, $(k \in \mathbb{Z})$, wobei

$$2^{s_k - 1} = 1 = e^{2k\pi i} \qquad (k \in \mathbb{Z})$$

$$s_k - 1 = \frac{2k\pi i}{\log 2}$$

$$s_k = 1 + \frac{2k\pi i}{\log 2}.$$

Damit ergibt sich, vorläufig für $\Re(s) > 1$,

$$\zeta(s) = \frac{1}{1 - 2^{1-s}} \cdot g(s).$$

Die rechte Seite ist auf $\{s \in \mathbb{C} : \Re(s) > 0, s \neq s_k, k \in \mathbb{Z}\}$ ein Produkt zweier holomorpher Funktionen, also selber dort holomorph. Auf $\mathbb{C}_1 = \{s \in \mathbb{C} : \Re(s) > 1\}$ stimmt sie mit der Funktion $\zeta(s)$ überein, die sich also auf die erstgenannte Menge analytisch fortsetzen lässt. Der Punkt $s = 1$ bleibt eine Singularität, aber die übrigen Singularitäten sind eliminierbar:

Um das einzusehen, wenden wir auf die Partialsummen der zeta-Funktion die Abel-Summation an:

$$\sum_{n \leq x} \frac{1}{n^s} = \sum_{n \leq x} \frac{1}{\lambda_n^s}, \quad \text{wobei} \begin{cases} \lambda_n = n \nearrow \infty \\ a_n = 1, \qquad A(x) = \sum_{n \leq x} 1 = [x] \\ v(x) = x^{-s}, \qquad v'(x) = -sx^{-s-1} \quad (\Re(s) > 1) \end{cases}$$

$$\text{und} \lim_{x \to \infty} A(x)v(x) = \lim_{x \to \infty} \frac{[x]}{x^s} = 0$$

$$\sum_{n=1}^{\infty} \frac{1}{n^s} = -\int_1^{\infty} A(t)v'(t)\, dt$$

$$= s\int_1^{\infty} \frac{[t]}{t^{s+1}}\, dt \qquad [t] = t - \langle t \rangle,\ 0 \leq \langle t \rangle = t - [t] < 1$$

$$= s\int_1^{\infty} \frac{dt}{t^s} - s\int_1^{\infty} \frac{\langle t \rangle}{t^{s+1}}\, dt.$$

Für jedes feste $t \in [1, \infty[$ ist die Funktion $\tau(t, s) := \frac{\langle t \rangle}{t^{s+1}} = \langle t \rangle e^{-(s+1)\log t}$ als Funktion von s holomorph in $\mathbb{C}$. Nach dem auf Weierstrass zurückgehenden Satz H.7 ist für beliebiges $\delta > 0$ die Funktion

$$\Phi_0(s) := \int_1^{\infty} \tau(t, s)\, dt$$

auf der offenen Halbebene $\mathbb{C}_\delta := \{s \in \mathbb{C} : \sigma = \Re(s) > \delta\}$ (und wegen der Beliebigkeit von $\delta > 0$ auch auf $\mathbb{C}_0$) holomorph, sobald das Integral (dessen Integrationsweg von $t = 1$ auf der reellen Achse bis ∞ verläuft) auf $\mathbb{C}_\delta$ gleichmäßig konvergiert (Def. G.c). Das ist wieder der Fall, wenn es für jedes $\varepsilon > 0$ ein $K_0 \in \mathbb{R}$ mit der Eigenschaft gibt, dass

$$K_1 \geq K_0 \Rightarrow \left| \int_{K_1}^{\infty} \tau(t, s)\, dt \right| < \varepsilon \quad \text{für alle } s \in \mathbb{C}_\delta.$$

Das wird aber gewährleistet durch die Kette von Ungleichungen

$$\left| \int_{K_1}^{\infty} \tau(t, s)\, dt \right| \le \int_{K_1}^{\infty} |\tau(t, s)|\, dt \le \int_{K_1}^{\infty} \frac{dt}{t^{\sigma+1}}$$

$$= -\frac{1}{\sigma} t^{-\sigma} \Big|_{K_1}^{\infty} = \frac{1}{\sigma K_1^{\sigma}} < \varepsilon \quad \text{falls } K_1 \ge K_0 = \frac{1}{\sqrt[\delta]{\delta\varepsilon}}.$$

Folglich ist die Funktion $\Phi_0(s)$ holomorph auf $\mathbb{C}_0$.

Auf der Menge $\{s \in \mathbb{C}_0 : s \ne 1\}$ trifft das auch auf die Funktion $\Phi_1(s) = \frac{s}{s-1}$ zu, die in $\mathbb{C}_1$ mit dem Integral

$$s \int_1^{\infty} \frac{dt}{t^s} = \frac{s}{1-s} t^{1-s} \Big|_1^{\infty} = \frac{s}{s-1}$$

übereinstimmt, also die analytische Fortsetzung dieses Integrales auf $\mathbb{C} \setminus \{1\}$ ist. Damit ergibt sich für $s \in \mathbb{C}_0 \setminus \{1\}$

$$\zeta(s) = \frac{s}{s-1} - s\Phi_0(s) = \frac{1 + (s-1) - s(s-1)\Phi_0(s)}{s-1} = \frac{\Phi_2(s)}{s-1}, \tag{8.1}$$

wobei $\Phi_2(s)$ eine in $\mathbb{C}_0$ holomorphe Funktion ist, die wegen $\lim_{s \to 1} \Phi_2(s) = \lim_{s \to 1}(s-1)\zeta(s) = 1$ in $s = 1$ den Wert 1 annimmt. Damit haben wir gezeigt:

Satz 8.2. *$\zeta(s)$ lässt sich zu einer auf $\mathbb{C}_0$ meromorphen Funktion fortsetzen, die als einzige Singularität in $s = 1$ einen Pol 1. Ordnung mit Residuum 1 besitzt.*

Eine Verwandte der zeta-Funktion ist die Reihe $\sum_{p \in \mathbb{P}} \frac{1}{p^s}$. Für eine Teilmenge $G \subset \mathbb{P}$ und reelles $\sigma > 1$ liefert $\sum_{p \in G} \frac{1}{p^\sigma}$ ein (von σ abhängiges) Maß von G, das in § 10 im Beweis des Satzes von DIRICHLET eine Rolle spielt. Insbesondere ist die Größenordnung der Reihe $\sum_{p \in \mathbb{P}} \frac{1}{p^\sigma}$ für $\sigma \searrow 1$ von Interesse. Sie lässt sich folgendermaßen auf die Größenordnung von $\log \zeta(\sigma)$ zurückführen. Die eingangs dieses Paragraphen unter (C) angeführte Darstellung von $\zeta(s)$ als EULER-Produkt liefert zunächst

$$\log \zeta(\sigma) = -\sum_{p \in \mathbb{P}} \log\left(1 - \frac{1}{p^\sigma}\right)$$

$$= \sum_{p \in \mathbb{P}} \sum_{k=1}^{\infty} \frac{1}{k p^{k\sigma}} \quad \text{(TAYLOR-Entwicklung wie im Beweis von Satz 5.5)} \tag{8.2}$$

$$= \sum_{p \in \mathbb{P}} \frac{1}{p^\sigma} + \sum_{p \in \mathbb{P}} \sum_{k=2}^{\infty} \frac{1}{k p^{k\sigma}}.$$

Wir verzichten auf den Faktor k im Nenner der Reihenglieder und erhalten für $\sigma > 1$

$$0 < \log \zeta(\sigma) - \sum_{p \in \mathbb{P}} \frac{1}{p^\sigma} < \sum_{p \in \mathbb{P}} \frac{1}{p^{2\sigma}} \sum_{k=0}^{\infty} \frac{1}{p^{k\sigma}} = \sum_{p \in \mathbb{P}} \frac{1}{p^{2\sigma}} \cdot \frac{1}{1 - \frac{1}{p^\sigma}} = \sum_{p \in \mathbb{P}} \frac{1}{p^\sigma(p^\sigma - 1)}$$

$$< \sum_{n=2}^{\infty} \frac{1}{n^\sigma(n^\sigma - 1)} < \sum_{n=2}^{\infty} \frac{1}{n(n-1)} = \sum_{n=2}^{\infty} \left(\frac{1}{n-1} - \frac{1}{n}\right) = 1.$$

Zusammen mit der aus (8.1) mit $\Phi_2(1) = 1$ erhaltenen Abschätzung

$$\log \zeta(\sigma) = \log \frac{1}{\sigma - 1} + \log \Phi_2(\sigma) = \log \frac{1}{\sigma - 1} + o(1) \quad \text{für } \sigma \searrow 1$$

ergibt dies

Satz 8.3.

$$\sum_{p \in \mathbb{P}} \frac{1}{p^\sigma} = \log \frac{1}{\sigma - 1} + O(1) \quad \text{für } \sigma \searrow 1.$$

Differentiation der Formel $\zeta(s) = \frac{\Phi_2(s)}{s-1}$ (8.1) liefert

$$\zeta'(s) = \frac{(s-1)\Phi_2'(s) - \Phi_2(s)}{(s-1)^2} = \frac{\Phi_3(s)}{(s-1)^2},$$

wobei Φ_3 eine in $\mathbb{C}_0$ holomorphe Funktion ist und $\Phi_3(1) = \lim_{s \searrow 1}(s-1)^2 \zeta'(s) = -1$. Das ermöglicht eine Ergänzung von Satz 5.6:

$$\frac{\zeta'(s)}{\zeta(s)} = \frac{\Phi_3(s)(s-1)}{(s-1)^2 \Phi_2(s)} = \frac{1}{s-1} \cdot \frac{\Phi_3(s)}{\Phi_2(s)}.$$

Die Funktion $\frac{\Phi_3(s)}{\Phi_2(s)}$ ist in $\mathbb{C}_0$ meromorph, in $s = 1$ holomorph (weil ϕ_2 und ϕ_3 es sind), und sie nimmt dort den Wert $\frac{\Phi_3(1)}{\Phi_2(1)} = -1$ an.

Satz 8.4. *Die Funktion $\frac{\zeta'(s)}{\zeta(s)}$ ist in $\mathbb{C}_0$ meromorph und besitzt in $s = 1$ einen Pol 1. Ordnung mit dem Residuum -1.*

Weitere Kandidaten für Polstellen befinden sich natürlich in den Nullstellen der zeta-Funktion, mit denen wir uns in § 16 beschäftigen werden.

Die zeta-Funktion $\zeta(s)$ ist nicht nur für $\Re(s) > 1$ (als EULER-Produkt, wie in Satz 8.1 festgestellt) ungleich null:

Satz 8.5 (HADAMARD–DE LA VALLÉE POUSSIN).

$$\zeta(1 + i\tau) \neq 0 \quad \text{für } \tau \neq 0 \ (\tau \in \mathbb{R}).$$

Der Beweis beruht auf folgendem Hilfssatz:

Satz 8.6 (Hilfssatz). *Für $\sigma > 1$ und alle $\tau \in \mathbb{R}$ gilt $|\zeta(\sigma + i\tau)|^4 \cdot |\zeta(\sigma + 2i\tau)| \cdot |\zeta(\sigma)|^3 \geq 1$.*

Aus dieser Aussage folgt nämlich zunächst

$$\left| \frac{\zeta(\sigma + i\tau)}{\sigma - 1} \right|^4 \cdot |\zeta(\sigma + 2i\tau)| \cdot |(\sigma - 1)\zeta(\sigma)|^3 |\sigma - 1| \geq 1.$$

Unter der Annahme, dass $\zeta(1 + i\tau) = 0$ wäre, würde für $\sigma \searrow 1$ im Widerspruch dazu folgen

$$\lim_{\sigma \searrow 1} \left| \frac{\zeta(\sigma + i\tau)}{\sigma - 1} \right|^4 \cdot |\zeta(\sigma + 2i\tau)| \cdot |(\sigma - 1)\zeta(\sigma)|^3 |\sigma - 1| = |\zeta'(1 + i\tau)|^4 \cdot |\zeta(1 + 2i\tau)| \cdot 1^3 \cdot 0 = 0.$$

Beweis des Hilfssatzes 8.6. Zu beweisen ist die Ungleichung

$$\log\left[|\zeta(\sigma + i\tau)|^4 \cdot |\zeta(\sigma + 2i\tau)| \cdot |\zeta(\sigma)|^3\right] \geq 0.$$

Für $z = |z| \cdot e^{i \arg z}$ ist $\log z = \log|z| + i \arg z$, also $\log|z| = \mathbb{R}(\log z)$ und $\log|\zeta(\sigma + i\tau)|^4 = 4 \log|\zeta(\sigma + i\tau)| = 4\mathbb{R}(\log \zeta(\sigma + i\tau))$. Zu beweisen ist also

$$4\mathbb{R}(\log \zeta(\sigma + i\tau)) + \mathbb{R}(\log \zeta(\sigma + 2i\tau)) + 3\mathbb{R}(\log \zeta(\sigma)) \geq 0.$$

Zu diesem Zweck entwickeln wir den Logarithmus der zeta-Funktion wie in (8.2) in eine DIRICHLET-Reihe:

$$\begin{aligned}
\log \zeta(\sigma) &= \sum_{p \in \mathbb{P}} -\log\left(1 - \frac{1}{p^\sigma}\right) \\
&= \sum_{p \in \mathbb{P}} \sum_{k=1}^{\infty} \frac{1}{k p^{k\sigma}} \\
&= \sum_{n=1}^{\infty} \frac{c_n}{n^\sigma}, \qquad \text{wobei } c_n = \begin{cases} \frac{1}{k} & \text{für } n = p^k. \\ 0 & \text{sonst.} \end{cases}
\end{aligned}$$

Wenn z eine komplexe Zahl mit Absolutbetrag 1 ist, gilt $z\overline{z} = 1$ und daher nach dem binomischen Lehrsatz

$$\begin{aligned}
(z + \overline{z})^4 &= z^4 + \overline{z}^4 + 4z\overline{z}(z^2 + \overline{z}^2) + 6(z\overline{z})^2 \\
&= 2\mathbb{R}(z^4) + 8\mathbb{R}(z^2) + 6 \\
0 \leq (2\mathbb{R}(z))^4 &= 2[\mathbb{R}(z^4) + 4\mathbb{R}(z^2) + 3].
\end{aligned}$$

Wir wenden diese Ungleichung auf die im Reellen multiplikative Funktion $\mathbb{R}$ in $z = n^{-i\frac{\tau}{2}}$ an:

$$\mathbb{R}(n^{-2i\tau}) + 4\mathbb{R}(n^{-i\tau}) + 3 \geq 0.$$

Multiplikation mit $c_n \cdot n^{-\sigma}$ $(\sigma > 1)$ und darauf folgende Summation über $n \in \mathbb{N}$ liefert

$$\mathbb{R}(c_n \cdot n^{-\sigma - 2i\tau}) + 4\mathbb{R}(c_n \cdot n^{-\sigma - i\tau}) + 3c_n \cdot n^{-\sigma} \geq 0$$

$$\mathbb{R}(\log \zeta(\sigma + 2i\tau)) + 4\mathbb{R}(\log \zeta(\sigma + i\tau)) + 3\mathbb{R}\log \zeta(\sigma) \geq 0. \qquad \square$$

Damit erhalten wir eine Ergänzung von Satz 8.4:

Satz 8.7. *Die Funktion $\frac{\zeta'(s)}{\zeta(s)}$ kann analytisch fortgesetzt werden zu einer meromorphen Funktion auf $\mathbb{C}_0$, die in der abgeschlossenen Halbebene $\overline{\mathbb{C}_1} = \{s \in \mathbb{C} : \mathbb{R}(s) \geq 1\}$ als einzige Singularität einen Pol 1. Ordnung in $s = 1$ mit dem Residuum -1 besitzt.*

Die Funktion $\frac{\zeta'(\sigma)}{\zeta(\sigma)}$ genügt für relles $\sigma > 1$ nach Satz 5.6 der Gleichung

$$-\frac{1}{\sigma} \frac{\zeta'(\sigma)}{\zeta(\sigma)} = \int_1^{\infty} \frac{\psi(t)}{t^{\sigma+1}} \, dt.$$

Für den Beweis des Primzahlsatzes ist es von Bedeutung, dass diese Gleichung auf ein komplexes Argument s mit $\mathbb{R}(s) > 1$ an Stelle von σ erweitert werden kann:

Satz 8.8. *Für $s \in \mathbb{C}_1$ gilt*

$$-\frac{1}{s}\frac{\zeta'(s)}{\zeta(s)} = \int\limits_1^\infty \frac{\psi(t)}{t^{s+1}}\, dt.$$

Beweis. Für jedes $t \in [1, \infty[$ ist $\frac{\psi(t)}{t^{s+1}}$ als Funktion von s holomorph in $\mathbb{C}$. Das Gleiche gilt dann nach Satz H.4 auch für das Integral $\int_1^T \frac{\psi(t)}{t^{s+1}}$ für jedes $T < \infty$. Um die Holomorphie des Integrales über das Intervall $[1, \infty[$ nachzuweisen, zeigen wir, dass es für $T \to \infty$ auf jeder komplexen Halbebene $\mathbb{C}_{1+\delta} = \{s \in \mathbb{C} : \sigma = \Re(s) > 1 + \delta\}$ $(\delta > 0)$ gleichmäßig konvergiert (Satz H.7). Zu diesem Zweck erinnern wir uns an die Abschätzung $\psi(t) \le c \cdot t$ $(c \in \mathbb{R}^+)$ nach Satz 2.1 und Satz 3.1, die uns erlaubt, folgende weitere Abschätzungen vorzunehmen:

$$\left|\int\limits_{T_1}^\infty \frac{\psi(t)}{t^{s+1}}\, dt\right| \le \int\limits_{T_1}^\infty \frac{\psi(t)}{t^{\sigma+1}}\, dt \qquad (T_1 \in \mathbb{R}^+)$$

$$\le \int\limits_{T_1}^\infty \frac{c}{t^\sigma}\, dt = \left.\frac{c}{1-\sigma}t^{1-\sigma}\right|_{T_1}^\infty$$

$$= \frac{c}{\sigma-1}T_1^{1-\sigma}.$$

Die letzte Schranke wird für $\sigma - 1 > \delta$ und hinreichend großes T_1 beliebig klein. Die gleichmäßge Konvergenz des Integrales und damit seine Holomorphie in $\mathbb{C}_{1+\delta}$ sind damit bewiesen. Weil δ beliebig klein sein kann, trifft das auch für die offene Halbebene $\mathbb{C}_1 = \{s \in \mathbb{C} : \sigma > 1\}$ zu. Da das Integral als Funktion von s auf der reellen Halbgeraden $[1, \infty[$ mit der Funktion $-\frac{1}{s}\frac{\zeta'(s)}{\zeta(s)}$ übereinstimmt, muss das auch auf der gesamten Halbebene $\mathbb{C}_1$ gelten, in die $\frac{\zeta'}{\zeta}$ analytisch fortgesetzt werden kann. □

Wenn wir noch die Substitution $t = e^x$, $dt = e^x dx$ vornehmen, nimmt Satz 8.8 die folgende Form an:

$$-\frac{1}{s}\frac{\zeta'(s)}{\zeta(s)} = \int\limits_0^\infty \psi(e^x)e^{-sx}\, dx.$$

In §11 werden wir auf diese Funktion den Satz von WIENER-IKEHARA anwenden und damit den Primzahlsatz erhalten.

§9 L-Funktionen

Im nächsten Paragraphen werden wir uns davon überzeugen, dass bei beliebig gegebenen teilerfremden natürlichen Zahlen a und m die Menge $\{a + km : k \in \mathbb{Z}\}$ jedenfalls Primzahlen enthält. Da diese Menge die Restklasse von a modulo m ist, spielt dabei die kommutative multiplikative Gruppe $G = (\mathbb{Z}/m\mathbb{Z})^*$ (mit der Ordnung $n_G = \varphi(m)$)

der zu m teilerfremden Restklassen modulo m eine besondere Rolle. Wir stützen uns beim Nachweis der genannten Behauptung auf eine besondere Klasse von DIRICH-LET-Reihen, die sogenannten L-Funktionen, und verwenden dabei die im Anhang C („Charaktere endlicher kommutativer Gruppen") besprochene Terminologie. Insbesondere schreiben wir $n \equiv a \ (m)$ für ‚n liegt in der durch a gegebenen Restklasse modulo m' und p/m für „p teilt m", sowie $p \nmid m$ für „p teilt m nicht".

Definition 9.a. Es sei χ ein Charakter der Gruppe G. Dann ist für $\mathbb{R}(s) > 1$ die L-Funktion $L(s, \chi)$ die DIRICHLET-Reihe, definiert durch

$$L(s, \chi) = \sum_{n=1}^{\infty} \frac{\chi(n)}{n^s} \quad (s = \sigma + i\tau \in \mathbb{C}_1).$$

Da $\sum_{n=1}^{\infty} \left| \frac{\chi(n)}{n^s} \right| \le \sum_{n=1}^{\infty} \frac{1}{n^\sigma} < \infty$ für $\sigma > 1$, ist die Konvergenzabszisse $\rho_L \le 1$, für $\chi \ne \chi_0$ wegen $|\sum_{n=k}^{l} \chi(n)| \le \varphi(m)$ (Satz C.3, Satz 7.4) sogar $\rho_L \le 0$. Die Funktion $f(n) = \frac{\chi(n)}{n^s}$ ist stark multiplikativ in n und erfüllt $f(n) = 0$ für $(n, m) \ne 1$, also auch $f(p) = 0$ für $p \,/\, m$, aber $f(p) \notin \{0, 1\}$ für $p \nmid m$. Als Folge erhalten wir aus Satz P.3 (c) eine Darstellung von $L(s, \chi)$ als EULER-Produkt:

Satz 9.1.

$$L(s, \chi) = \prod_{p \nmid m} \left(1 - \frac{\chi(p)}{p^s} \right)^{-1} \quad \text{für } \sigma = \mathbb{R}(s) > 1.$$

Bemerkenswert ist noch der Spezialfall $\chi = \chi_0 = 1$ (das Einselement von $\hat{G}$). In diesem Fall ist

$$L(s, \chi_0) = \prod_{p \nmid m} \left(1 - \frac{1}{p^s} \right)^{-1}$$

$$= \prod_{p/m} \left(1 - \frac{1}{p^s} \right) \prod_{p \in \mathbb{P}} \left(1 - \frac{1}{p^s} \right)^{-1}$$

$$= \prod_{p/m} \left(1 - \frac{1}{p^s} \right) \cdot \zeta(s). \qquad \text{(Satz 5.1)}$$

Die uns bereits bekannten Eigenschaften der Funktion ζ (Satz 8.2) erlauben uns nun, folgenden Satz auszusprechen:

Satz 9.2. *Die Funktion $L(s, \chi_0)$ ist analytisch fortsetzbar zu einer in $\mathbb{C}_0$ meromorphen Funktion, die als einzige Singularität in $s = 1$ einen einfachen Pol mit dem Residuum $\prod_{p/m} \left(1 - \frac{1}{p} \right)$ besitzt.*

Im Falle $\chi \ne \chi_0$ können wir die Sätze 7.4 und C.3 anwenden und erhalten

Satz 9.3. *Für $\chi \ne \chi_0$ ist $L(s, \chi)$ eine in $\mathbb{C}_0$ holomorphe Funktion.*

Mit Hilfe der L-Funktionen können wir die zeta-Funktion noch auf andere Weise verallgemeinern. Dabei orientieren wir uns daran, dass für ein beliebiges $m \in \mathbb{N}$ und

$$G = (\mathbb{Z} / m\mathbb{Z})^*$$

$$\zeta(s) = \sum_{n=1}^{\infty} \frac{1}{n^s} = \sum_{n=1}^{\infty} \frac{\chi_0(n)}{n^s} + \sum_{(n,m)>1} \frac{1}{n^s} = L(s, \chi_0) + \sum_{(n,m)>1} \frac{1}{n^s}.$$

Für das gleiche $m \in \mathbb{N}$ definieren wir

Definition 9.b.

$$\zeta_m(s) := \prod_{\chi \in \hat{G}} L(s, \chi).$$

Da $\hat{G}$ mit jedem komplexwertigen Charakter χ auch den zu χ konjugiert komplexen Charakter $\bar{\chi} = \chi^{-1}$ enthält, ist $L(\sigma, \chi) \cdot L(\sigma, \chi^{-1})$ und $\zeta_m(\sigma)$ reell auf $\mathbb{R}^+$. Das Produkt $\prod_{\chi \in \hat{G} \setminus \{\chi_0\}} L(s, \chi)$ ist holomorph für $\Re(s) > 0$, der restliche Faktor $L(s, \chi_0) = \zeta(s) \cdot \prod_{p/m} \left(1 - \frac{1}{p^s}\right)$ von ζ_m hat einen Pol der Ordnung 1 in $s = 1$. Die Funktion ζ_m hat deshalb entweder einen Pol in $s = 1$ oder sie ist (wenn der Faktor $\prod_{\chi \in \hat{G} \setminus \{\chi_0\}} L(s, \chi)$ von ζ_m in $s = 1$ verschwindet) holomorph in $\mathbb{C}_0$. Der folgende Satz klärt die Situation.

Satz 9.4. *Die Funktion $\zeta_m(s) = \prod_{\chi \in \hat{G}} L(s, \chi)$ ist analytisch fortsetzbar zu einer in $\mathbb{C}_0$ meromorphen Funktion, die dort als einzige Singularität in $s = 1$ einen Pol 1. Ordnung mit Residuum $\prod_{\chi \neq \chi_0} L(1, \chi) \cdot \prod_{p/m} (1 - \frac{1}{p})$ besitzt.*

Beweis. Wir nehmen an, die Funktion ζ_m wäre in $\mathbb{C}_0$ holomorph. Für $\sigma = \Re(s) > 1$ können wir jedenfalls schreiben

$$\log \zeta_m(\sigma) = \sum_{\chi \in \hat{G}} \log \prod_{p \nmid m} \frac{1}{1 - \frac{\chi(p)}{p^\sigma}} = \sum_{\chi \in \hat{G}} \sum_{p \nmid m} -\log\left(1 - \frac{\chi(p)}{p^\sigma}\right)$$

$$= \sum_{\chi \in \hat{G}} \underbrace{\sum_{p \nmid m} \sum_{k=1}^{\infty} \frac{(\chi(p))^k}{k p^{k\sigma}}}$$

(diese Doppelsumme ist für jeden Charakter $\chi \in \hat{G}$ absolut konvergent, da die entsprechende Reihe der Absolutbeträge majorisiert wird durch

$$\sum_{p \nmid m} \sum_{k=1}^{\infty} \frac{1}{k p^{k\sigma}} = \log \prod_{p \nmid m} \frac{1}{1 - \frac{1}{p^\sigma}} = \log L(\sigma, \chi_0) < \infty; \quad \text{(Satz 9.1)}$$

wir können die Mehrfachreihe also beliebig umordnen (Satz U.1))

$$= \sum_{p \nmid m} \sum_{k=1}^{\infty} \frac{1}{k p^{k\sigma}} \underbrace{\sum_{\chi \in \hat{G}} \chi(p^k)}$$

$$= \begin{cases} \varphi(m) & \text{falls } p^k \equiv 1 \text{ modulo } m, \quad \text{(Satz C.2 (b))} \\ 0 & \text{sonst;} \end{cases}$$

$$= \sum_{k=1}^{\infty} \sum_{p^k \equiv 1 \,(m)} \frac{\frac{\varphi(m)}{k}}{p^{k\sigma}} = \sum_{n=1}^{\infty} \frac{a_n}{n^\sigma}, \quad \text{wobei}$$

$$a_n = \begin{cases} \frac{\varphi(m)}{k} & \text{falls } n = p^k \equiv 1 \,(m), \\ 0 & \text{sonst.} \end{cases}$$

Die Funktion $\log \zeta_m$ ist damit gegeben durch eine Dirichlet-Reihe, die jedenfalls in $\mathbb{C}_1$ konvergiert. Wir fragen nach deren Konvergenzabszisse $\rho \leq 1$ und setzen zu diesem Zweck $s = \sigma > 0$. Dann erhalten wir

$$\log \zeta_m(\sigma) = \sum_{k=1}^{\infty} \sum_{p^k \equiv 1 \, (m)} \frac{\frac{\varphi(m)}{k}}{p^{k\sigma}} \geq \sum_{p \nmid m} \frac{1}{p^{\varphi(m)\sigma}}$$

(wir wählen $k = \varphi(m)$ und beachten, dass $p^{\varphi(m)} \equiv 1$ für alle $p \nmid m$)

$$\log \zeta_m(\frac{1}{\varphi(m)}) \geq \sum_{p \nmid m} \frac{1}{p} = \sum_{p \in \mathbb{P}} \frac{1}{p} - \sum_{p/m} \frac{1}{p} = \infty.$$

Also ist $\zeta_m(\frac{1}{\varphi(m)}) = \infty$ und somit $\rho \geq \frac{1}{\varphi(m)}$. Weil die Funktion ζ_m in $\mathbb{C}_0$ nur in $s = 1$ eine Singularität haben kann, muss $\rho = 1$ und $s = 1$ ein Pol von ζ_m mit dem genannten Residuum sein. $\qquad \square$

Hier ist bemerkenswert

Satz 9.5. *Für $\chi \neq \chi_0$ ist $L(1, \chi) \neq 0$.*

Beweis. Die Behauptung folgt aus Satz 9.4, da eine Nullstelle von $L(s, \chi)$ in $s = 1$ dort den Pol der Ordnung 1 von ζ_m zu einem regulären Punkt von ζ_m machen würde, wie man durch folgende Überlegungen einsieht. Wir nehmen an, für den Charakter $\chi_1 \neq \chi_0$ wäre $L(1, \chi_1) = 0$. Wir zerlegen ζ_m in ein Produkt der Form

$$\zeta_m(s) = \underbrace{(s-1)L(s, \chi_0)} \; \underbrace{\frac{L(s, \chi_1)}{(s-1)}} \; \underbrace{\prod_{\left(\begin{array}{c} \chi \in \hat{G} \\ \chi \neq \chi_0 \\ \chi \neq \chi_1 \end{array} \right)} L(s, \chi)}.$$

Wir lassen nun s gegen 1 gehen. Der erste Klammerausdruck geht dabei gegen $\prod_{p/m} \left(1 - \frac{1}{p}\right)$, weil $L(s, \chi_0)$ in $s = 1$ einen Pol 1. Ordnung mit Residuum $\prod_{p/m} \left(1 - \frac{1}{p}\right)$ hat (Satz 9.2). Der zweite geht gegen die Ableitung $L'(1, \chi_1) = \frac{d}{ds} L(s, \chi_1)/_{s=1}$, weil nach Satz 9.3 $L(s, \chi_1)$ in $s = 1$ holomorph und nach unserer Voraussetzung $L(1, \chi_1) = 0$ ist. Der dritte Klammerausdruck geht wegen der Stetigkeit der L-Funktionen für von χ_0 verschiedene Charaktere auf $\mathbb{C}_0$ gegen $\prod_{\chi \neq \chi_0, \chi \neq \chi_1} L(1, \chi) \in \mathbb{C}$. Das steht aber im Widerspruch zu der Tatsache, dass ζ_m in $s = 1$ eine Singularität hat. $\qquad \square$

§ 10 Der Satz von Dirichlet über Primzahlen in arithmetischen Folgen

Der in diesem Paragraphen behandelte Satz lautet

Satz 10.1. *Für $(a, m) = 1$ gibt es unendlich viele Primzahlen $p \equiv a \, (m)$.*

Wir arbeiten mit der Gruppe $G = (\mathbb{Z}/m\mathbb{Z})^*$, deren Ordnung $n_G = \varphi(m)$ ist. Abgesehen von den endlich vielen Primfaktoren von m verteilen sich die Primzahlen auf $\varphi(m)$ Teilmengen

$$Q(m,a) := \{p \in \mathbb{P} : p \equiv a\ (m)\} \quad (a \in G).$$

Wir ‚messen' diese Mengen bei gegebenem $\sigma > 1$ mit dem ‚Maß'

$$\mu_\sigma(Q(m,a)) = \sum_{p \in Q(m,a)} \frac{1}{p^\sigma} < \infty.$$

Wir haben in Satz 8.3 bereits berechnet

$$\mu_\sigma(\mathbb{P}) = \sum_{p \in \mathbb{P}} \frac{1}{p^\sigma} = -\log(\sigma - 1) + O(1) \ \text{ für } \sigma \searrow 1.$$

Definition 10.a. Eine Menge $Q \subset \mathbb{P}$ *hat die Dichte* $d(Q)$ *in* $\mathbb{P}$, wenn

$$\lim_{\sigma \searrow 1} \left(\sum_{p \in Q} \frac{1}{p^\sigma} \right) \Big/ \left(\sum_{p \in \mathbb{P}} \frac{1}{p^\sigma} \right) = d(Q).$$

Wenn Q eine endliche Menge ist, ist $d(Q) = 0$, weil $\lim_{\sigma \searrow 1} \sum_{p \in \mathbb{P}} \frac{1}{p^\sigma} = \infty$.

Als Hilfsmittel für den Beweis des Satzes 10.1 verwenden wir die wie folgt auf $\mathbb{C}_1$ definierte Funktion f_χ:

Definition 10.b. Für $\chi \in \hat{G}$ und $s \in \mathbb{C}_1$ ist f_χ definiert durch $f_\chi(s) = \sum_{p \in \mathbb{P}} \frac{\chi(p)}{p^s} = \sum_{p \nmid m} \frac{\chi(p)}{p^s}$.

Zum Unterschied zu der Funktion $L(s,\chi)$ (Definition 9.a) wird in der Definition von f nur über Primzahlen summiert. Die Reihe, die f_χ definiert, konvergiert absolut für $\sigma = \mathbb{R}(s) > 1$. Wir versuchen nun, die Größenordnung von $\sum_{p \equiv a(m)} \frac{1}{p^\sigma}$ für $\sigma \searrow 1$ näher zu bestimmen. Für $a \in G = (\mathbb{Z}/m\mathbb{Z})^*$ gilt

$$\chi(a^{-1}) f_\chi(s) = \sum_{p \nmid m} \frac{\chi(a^{-1}p)}{p^s}$$

$$\chi(a^{-1}) \sum_{\chi \in \hat{G}} f_\chi(s) = \sum_{p \nmid m} \frac{\sum_{\chi \in \hat{G}} \chi(a^{-1}p)}{p^s}$$

(jetzt Anwendung von Satz C.2(b),

$$\text{wonach } \sum_{\chi \in \hat{G}} \chi(a^{-1}p) = \begin{cases} \varphi(m) & p \equiv a(m) \\ 0 & p \not\equiv a(m) \end{cases})$$

$$= \sum_{p \equiv a(m)} \frac{\varphi(m)}{p^s}$$

$$= \varphi(m) \sum_{p \equiv a(m)} \frac{1}{p^s}.$$

Wir erhalten

Satz 10.2. *Für $\sigma = \mathbb{R}(s) > 1$ und $a \in G$ gilt*

$$\sum_{p \equiv a(m)} \frac{1}{p^s} = \frac{1}{\varphi(m)} \sum_{\chi \in \hat{G}} \chi(a^{-1}) f_\chi(s).$$

Für eine spätere Anwendung schreiben wir für $s = \sigma$ diese Aussage in der Form

$$\sum_{p \equiv a(m)} \frac{1}{p^\sigma} = \frac{1}{\varphi(m)} \left[f_{\chi_0}(\sigma) + \sum_{\substack{\chi \in \hat{G} \\ \chi \neq \chi_0}} \chi(a^{-1}) f_\chi(\sigma) \right]. \tag{10.1}$$

Weiters bekommen wir aus Satz 8.3, da m nur endlich viele Primfaktoren hat,

$$f_{\chi_0}(\sigma) = \sum_{p \nmid m} \frac{1}{p^\sigma} = \log \frac{1}{\sigma - 1} + O(1) \quad \text{für } \sigma \searrow 1. \tag{10.2}$$

Für $\chi \neq \chi_0$ und für $\sigma = \mathbb{R}(s) > 1$ prüfen wir das Verhalten von $f_\chi(\sigma)$, wenn σ von oben gegen 1 geht. Zu diesem Zweck untersuchen wir die Reihe

$$-\sum_{p \nmid m} \log\left(1 - \frac{\chi(p)}{p^\sigma}\right) = \sum_{p \nmid m} \sum_{k=1}^{\infty} \frac{\chi(p)^k}{kp^{k\sigma}}$$

$$= \underbrace{\sum_{p \nmid m} \frac{\chi(p)}{p^\sigma}}_{f_\chi(\sigma)} + \underbrace{\sum_{p \nmid m} \sum_{k=2}^{\infty} \frac{\chi(p)^k}{kp^\sigma}}_{O(1) \, \cdots \, \text{für } \sigma \searrow 1} \tag{10.3}$$

$$\text{aufgrund der Abschätzung}$$

$$\left| \sum_{p \nmid m} \sum_{k=2}^{\infty} \frac{\chi(p)^k}{kp^{k\sigma}} \right| < \sum_{p \in \mathbb{P}} \frac{1}{2p^{2\sigma}} \sum_{k=0}^{\infty} \frac{1}{p^{k\sigma}}$$

$$= \frac{1}{2} \sum_{p \in \mathbb{P}} \frac{1}{p^{2\sigma}} \frac{1}{1 - \frac{1}{p^\sigma}}$$

$$= \frac{1}{2} \sum_{p \in \mathbb{P}} \frac{1}{p^\sigma(p^\sigma - 1)}$$

$$< \frac{1}{2} \sum_{n=2}^{\infty} \frac{1}{n(n-1)}$$

$$= \frac{1}{2} \sum_{n=2}^{\infty} \left(\frac{1}{n-1} - \frac{1}{n} \right) = \frac{1}{2} \tag{10.4}$$

Die Gleichungskette

$$e^{\sum_{p \nmid m} -\log(1-\chi(p)/p^s)} = \prod_{p \nmid m} e^{\log(1-\chi(p)/p^s)^{-1}} = \prod_{p \nmid m} \left(1 - \frac{\chi(p)}{p^s}\right)^{-1}$$

zeigt, dass die Reihe $w(s) = \sum_{p \nmid m} -\log\left(1 - \frac{\chi(p)}{p^s}\right)$ einen Wert des Logarithmus der Funktion $L(s,\chi) = \prod_{p \nmid m} \left(1 - \frac{\chi(p)}{p^s}\right)^{-1}$ darstellt (Satz 9.1; wir betrachten die Werte des Logarithmus in einem Streifen $\{z \in \mathbb{C} : w(s_0) - \pi < \Im(z) \le w(s_0) + \pi\}$). Die Funktion $L(s,\chi)$ ist in $s = 1$ differenzierbar (Satz 9.3), also auch stetig, und konvergiert für $s \to 1$ gegen eine von 0 verschiedene komplexe Zahl (Satz 9.5). Da die Logarithmus-Funktion in jedem passend aufgeschnittenen Streifen der Breite $2\pi i$ (in dem sie eindeutig ist) auch stetig ist, konvergiert der Logarithmus von $L(s,\chi)$ für $s \to 1$ auch gegen einen endlichen Grenzwert und ist deshalb beschränkt. Unter Berücksichtigung von (10.3) und (10.4) ergibt sich, dass auch $f_\chi(s)$ für $s \to 1$ beschränkt ist.

Als Ergebnis erhalten wir

Satz 10.3. *Für* $\chi \ne \chi_0$ *ist* $f_\chi(\sigma) = O(1)$ *für* $\sigma \searrow 1$.

Wir berufen uns jetzt auf (10.1), (10.2) und Satz 8.3 und erhalten

$$\sum_{p \equiv a(m)} \frac{1}{p^\sigma} = \frac{1}{\varphi(m)}[-\log(\sigma - 1) + O(1)] \quad (\sigma \searrow 1)$$

$$\left(\sum_{p \equiv a\,(m)} \frac{1}{p^\sigma}\right) \Big/ \left(\sum_{p \in \mathbb{P}} \frac{1}{p^\sigma}\right) = \frac{1}{\varphi(m)} \cdot \frac{-\log(\sigma - 1) + O(1)}{-\log(\sigma - 1) + O(1)} \to \frac{1}{\varphi(m)} \quad (\sigma \searrow 1).$$

Damit ist schließlich auch der Beweis des Satzes 10.1 erbracht, sogar für die folgende Verschärfung:

Satz 10.4. *Für die Dichte der Menge der Primzahlen* $p \equiv a\ (m)$, $(a, m) = 1$ *in* $\mathbb{P}$ *gilt*

$$d(\{p \in \mathbb{P} : p \equiv a(m),\ (a, m) = 1\}) = \lim_{\sigma \searrow 1} \left(\sum_{p \equiv a(m)} \frac{1}{p^\sigma}\right) \Big/ \left(\sum_{p \in \mathbb{P}} \frac{1}{p^\sigma}\right) = \frac{1}{\varphi(m)}.$$

III Der Primzahlsatz

§ 11 Der Satz von WIENER-IKEHARA und der Primzahlsatz

Unser Ziel ist die Aussage

$$\lim_{x \to \infty} \frac{\pi(x)}{x / \log x} = 1.$$

Nach Satz 2.1 ist diese Aussage äquivalent mit der Aussage

$$\lim_{t \to \infty} \frac{\psi(t)}{t} = 1.$$

Die Funktion ψ spielt eine Rolle im Satz 8.8, in dem festgestellt wird

$$-\frac{\zeta'(s)}{s\zeta(s)} = \int_0^\infty \psi(e^x)e^{-sx}\,dx \quad \text{für } \mathbb{R}(s) > 1.$$

Dabei gelten folgende Aussagen:
(1) $0 \le \psi(e^x) \nearrow \infty$ für $x \to \infty$.
(2) Das Integral $f(s) = \int_0^\infty \psi(e^x)e^{-sx}\,dx$ konvergiert für $\mathbb{R}(s) > 1$.
(3) Die durch dieses Integral auf $\mathbb{C}_1$ gegebene Funktion f ist holomorph in $\mathbb{C}_1$ und analytisch zu einer auf $\mathbb{C}_0$ meromorphen Funktion fortsetzbar (Satz 8.7, Satz 8.8).
(4) Die Funktion f hat in $s = 1$ einen einfachen Pol mit Residuum 1 (Satz 8.7, Satz 8.8).

Dass aus diesen Voraussetzungen $\lim_{x \to \infty} \frac{\psi(e^x)}{e^x} = 1$ folgt, ist die Aussage des Satzes von WIENER-IKEHARA, der folgendermaßen formuliert werden kann (wir haben oben die im untenstehenden Satz 11.1 genannte Funktion $F(x)$ mit $\psi(e^x)$ und die Funktion $f(s)$ mit $-\frac{\zeta'(s)}{s\zeta(s)}$ identifiziert):

Satz 11.1 (WIENER-IKEHARA). *Gegeben seien eine reellwertige Funktion F auf $\mathbb{R}_+ = \{x \in \mathbb{R} : 0 \le x < \infty\}$ und eine stetige Funktion f auf $\overline{\mathbb{C} \setminus \{1\}}$ mit folgenden Eigenschaften:*
(1) *Die Funktion F ist nicht negativ und monoton wachsend auf $\mathbb{R}_+$.*
(2) *Für $\mathbb{R}(s) > 1$ ist f gegeben durch das konvergente Integral $f(s) = \int_0^\infty F(x)e^{-sx}\,dx$.*
(3) *f ist holomorph in $\mathbb{C}_1$.*
(4) *f ist in eine Umgebung von 1 analytisch fortsetzbar und diese Fortsetzung besitzt in $s = 1$ einen einfachen Pol mit Residuum 1.*
Dann gilt

$$\lim_{x \to \infty} \frac{F(x)}{e^x} = 1.$$

Der Beweis beruht auf folgenden drei Hilfssätzen, in denen wir $G(x) := \frac{F(x)}{e^x}$ setzen:

https://doi.org/10.1515/9783110500035-005

Satz 11.2 (Hilfssatz). *Für jedes $\lambda > 0$ gilt $\lim_{y \to \infty} \int_{-\lambda y}^{\infty} G(y + \frac{v}{\lambda}) \frac{\sin^2 v}{v^2}\, dv = \pi$.*

Satz 11.3 (Hilfssatz). $\limsup_{x \to \infty} G(x) \leq 1$.

Satz 11.4 (Hilfssatz). $\liminf_{x \to \infty} G(x) \geq 1$.

Der Beweis von Hilfssatz 11.2 ist umfangreich. Er wird in acht Schritten vollzogen:
Schritt 1: Die Funktion $g(s) := f(s) - \frac{1}{s-1}$ ist holomorph für $\sigma = \Re(s) > 1$.
Schritt 2: Für $\Re(s) > 1$ gilt $g(s) = \int_0^{\infty} [G(x) - 1] e^{-(s-1)x}\, dx$.
Schritt 3: Für $\varepsilon > 0$ darf im Integral

$$\frac{1}{2} \int_{-2\lambda}^{2\lambda} \left(1 - \frac{|t|}{2\lambda}\right) g(1 + \varepsilon + it) e^{iyt}\, dt = \frac{1}{2} \int_{-2\lambda}^{2\lambda} \left(1 - \frac{|t|}{2\lambda}\right) e^{iyt} \left\{ \int_0^{\infty} [G(x) - 1] e^{-(\varepsilon + it)x}\, dx \right\} dt$$

die Reihenfolge der Integrationen vertauscht werden, d. h.

$$\frac{1}{2} \int_{-2\lambda}^{2\lambda} \left(1 - \frac{|t|}{2\lambda}\right) g(1 + \varepsilon + it) e^{iyt}\, dt = \int_0^{\infty} [G(-x) - 1] e^{-\varepsilon x} \left\{ \frac{1}{2} \int_{-2\lambda}^{2\lambda} e^{i(y-x)t} \left(1 - \frac{|t|}{2\lambda}\right) dt \right\} dx.$$

Schritt 4:

$$\frac{1}{2} \int_{-2\lambda}^{2\lambda} e^{i(y-x)t} \left(1 - \frac{|t|}{2\lambda}\right) dt = \frac{\sin^2 \lambda(y - x)}{\lambda(y - x)^2}.$$

Schritt 5: Auf beiden Seiten der Gleichung

$$\frac{1}{2} \int_{-2\lambda}^{2\lambda} \left(1 - \frac{|t|}{2\lambda}\right) g(1 + \varepsilon + it) e^{iyt}\, dt = \int_0^{\infty} [G(x) - 1] e^{-\varepsilon x} \frac{\sin^2 \lambda(y - x)}{\lambda(y - x)^2}\, dx$$

darf der Limes für $\varepsilon \to 0$ mit der Integration vertauscht werden.
Schritt 6:

$$\frac{1}{2} \int_{-2\lambda}^{2\lambda} \left(1 - \frac{|t|}{2\lambda}\right) g(1 + it) e^{iyt}\, dt = \int_{-\lambda y}^{\infty} \left[G\left(y + \frac{v}{\lambda}\right) - 1 \right] \frac{\sin^2 v}{v^2}\, dv.$$

Schritt 7:

$$\lim_{y \to \infty} \int_{-\lambda y}^{\infty} G\left(y + \frac{v}{\lambda}\right) \frac{\sin^2 v}{v^2}\, dv = \int_{-\infty}^{\infty} \frac{\sin^2 v}{v^2}\, dv.$$

Schritt 8:

$$\int_{-\infty}^{\infty} \frac{\sin^2 v}{v^2}\, dv = \pi.$$

Beweis des Hilfssatzes 11.2.

Schritt 1:

Die LAURENT-Entwicklung der Funktion f um den Punkt $s = 1$ hat nach Voraussetzung (4) des Satzes 11.1 die Form

$$f(s) = \frac{1}{s-1} + \sum_{k=0}^{\infty} g_k(s-1)^k \quad (g_k \in \mathbb{C}, \ k \in \mathbb{N}_0).$$

Die Funktion $g(s) = \sum_{k=0}^{\infty} g_k(s-1)^k$ ist holomorph und gleichmäßig stetig in einer kreisförmigen Umgebung U von 1 mit einem Radius r. In U enthalten ist ein offenes Rechteck R mit den Seitenlängen δ und η von der Form $R = \{s = \sigma + i\tau \in \mathbb{C} : |\sigma - 1| < \delta, |\tau| < 2\eta\}$, wobei $\sqrt{\delta^2 + 4\eta^2} < r$ (Abb. 11.1). Wir halten fest, dass $\lim_{\sigma \searrow 1} g(\sigma + i\tau) = g(1 + i\tau)$ gleichmäßig für $|\tau| \le 2\eta$.

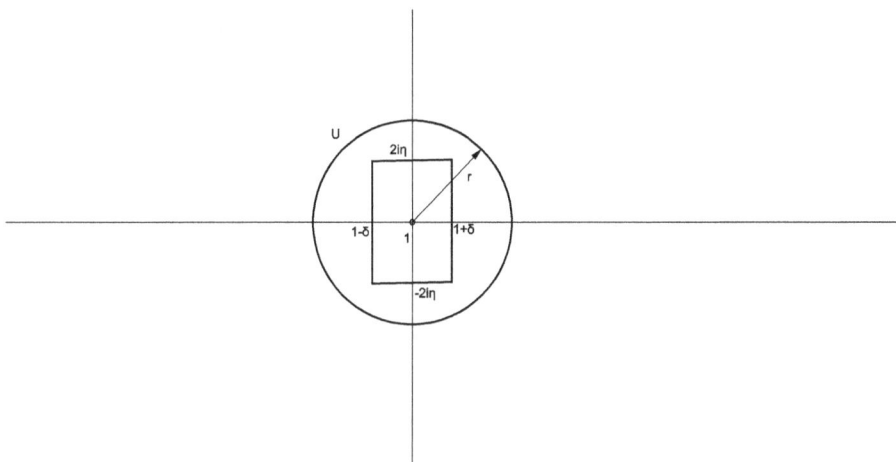

Abb. 11.1: Holomorphiegebiete der Funktion g.

Schritt 2:

$$f(s) = \int_0^{\infty} \underbrace{\frac{F(x)}{e^x}}_{G(x)} e^{-(s-1)x} \, dx$$

$$\frac{1}{s-1} = \int_0^{\infty} e^{-(s-1)x} \, dx \qquad \left(= -\frac{1}{s-1} e^{-(s-1)x}\Big|_{x=0}^{\infty}, \ s \in \mathbb{C}_1 \right)$$

Es folgt

$$g(s) = f(s) - \frac{1}{s-1} = \int_0^{\infty} [G(x) - 1] e^{-(s-1)x} \, dx.$$

Schritt 3:

Wir haben zu zeigen

$$\frac{1}{2}\int_{-2\lambda}^{2\lambda}\left(1-\frac{|t|}{2\lambda}\right)g(1+\varepsilon+it)e^{iyt}\,dt = \frac{1}{2}\int_{-2\lambda}^{2\lambda}\left(1-\frac{|t|}{2\lambda}\right)e^{iyt}\int_0^\infty[G(x)-1]e^{-(\varepsilon+it)x}\,dx\,dt$$

$$= \int_0^\infty[G(x)-1]e^{-\varepsilon x}\left\{\frac{1}{2}\int_{-2\lambda}^{2\lambda}e^{-i(x-y)t}\left(1-\frac{|t|}{2\lambda}\right)dt\right\}dx.$$

Die Vertauschung der Integrationsreihenfolge ist nach dem Satz von FUBINI (Satz V.3) berechtigt, falls

$$\int_0^\infty|G(x)-1|e^{-\varepsilon x}\left\{\int_{-2\lambda}^{2\lambda}\underbrace{\left(1-\frac{|t|}{2\lambda}\right)}_{0\leq\ \ \leq 1}dt\right\}dx < \infty.$$

Das ist der Fall, da

$$\int_0^\infty e^{-\varepsilon x}\,dx < \infty$$

und

$$\int_0^\infty G(x)e^{-\varepsilon x}\,dx = \int_0^\infty\frac{F(x)}{e^x}e^{-\varepsilon x}\,dx = \int_0^\infty F(x)e^{-(1+\varepsilon)x}\,dx = f(1+\varepsilon) < \infty.$$

Schritt 4:

Zu zeigen ist

$$\frac{1}{2}\int_{-2\lambda}^{2\lambda}e^{-i(x-y)t}\left(1-\frac{|t|}{2\lambda}\right)dt = \frac{\sin^2[\lambda(x-y)]}{\lambda(x-y)^2},$$

woraus nach Schritt 3 die Gleichung

$$\frac{1}{2}\int_{-2\lambda}^{2\lambda}\left(1-\frac{|t|}{2\lambda}\right)g(1+\varepsilon+it)e^{iyt}\,dt = \int_0^\infty[G(x)-1]e^{-\varepsilon x}\frac{\sin^2[\lambda(x-y)]}{\lambda(x-y)^2}\,dx$$

folgt, d. h., wenn wir $2\lambda = \alpha$ und $x-y = z \in \mathbb{R}$ setzen, haben wir zu zeigen

$$\frac{1}{2}\int_{-\alpha}^{\alpha}e^{-izt}\left(1-\frac{|t|}{\alpha}\right)dt = \frac{\sin^2\frac{\alpha}{2}z}{\frac{\alpha}{2}z^2}.$$

Wir zeigen zu diesem Zweck

(a) $\frac{1}{2}\int_{-\alpha}^{\alpha}e^{-izt}\,dt = \frac{\sin\alpha z}{z}$

(b) $\frac{1}{2\alpha}\int_{-\alpha}^{\alpha}e^{-izt}|t|\,dt = \frac{\sin\alpha z}{z} - \frac{\sin^2\frac{\alpha}{2}z}{\frac{\alpha}{2}z^2}$

wie folgt (wir substituieren beide Male zu Beginn $-t$ für t):

(a)

$$\frac{1}{2} \int_{-\alpha}^{\alpha} e^{-izt} \, dt = \frac{1}{2} \int_{-\alpha}^{\alpha} e^{izt} \, dt$$

$$= \frac{1}{2iz} e^{izt} \Big|_{-\alpha}^{\alpha}$$

$$= \frac{e^{i\alpha z} - e^{-i\alpha z}}{2iz}$$

$$= \frac{\sin(\alpha z)}{z}$$

(b)

$$\frac{1}{2\alpha} \int_{-\alpha}^{\alpha} e^{-izt} |t| \, dt = \frac{1}{2\alpha} \int_{-\alpha}^{\alpha} e^{izt} |t| \, dt$$

$$= \frac{1}{2\alpha} \left[\int_{0}^{\alpha} e^{izt} t \, dt - \int_{-\alpha}^{0} e^{izt} t \, dt \right]$$

$$= \frac{1}{2\alpha} \left[\int_{0}^{\alpha} e^{izt} t \, dt - \int_{\alpha}^{0} e^{-izt} t \, dt \right]$$

$$= \frac{1}{2\alpha} \int_{0}^{\alpha} [e^{izt} + e^{-izt}] t \, dt$$

$$= \frac{1}{\alpha} \int_{0}^{\alpha} t \cos(zt) \, dt \qquad \text{(nun partielle Integration)}$$

$$= \frac{1}{\alpha z} \left[t \sin(zt) \Big|_{t=0}^{\alpha} - \int_{0}^{\alpha} \sin(zt) \, dt \right]$$

$$= \frac{1}{\alpha z} \left[\alpha \sin(\alpha z) + \frac{1}{z} \cos(zt) \Big|_{t=0}^{\alpha} \right]$$

$$= \frac{\sin(\alpha z)}{z} + \frac{1}{\alpha z^2} (\cos(\alpha z) - 1) \qquad \left(\cos(\alpha z) - 1 = -2 \sin^2 \left(\frac{\alpha}{2} z \right) \right)$$

$$= \frac{\sin(\alpha z)}{z} - \frac{\sin^2(\frac{\alpha}{2} z)}{\frac{\alpha}{2} z^2}.$$

Schritt 5:

Wir gehen aus von der in den Schritten 3 und 4 erhaltenen Gleichung

$$\frac{1}{2} \int_{-2\lambda}^{2\lambda} \left(1 - \frac{|t|}{2\lambda} \right) g(1 + \varepsilon + it) e^{iyt} \, dt = \int_{0}^{\infty} [G(x) - 1] e^{-\varepsilon x} \frac{\sin^2[\lambda(x - y)]}{\lambda(x - y)^2} \, dx.$$

Bei festem y und λ ist der Ausdruck $(1 - \frac{|t|}{2\lambda})g(1 + \varepsilon + it)e^{iyt}$ stetig in (ε, t) und daher beschränkt für $(\varepsilon, t) \in [-\delta, \delta] \times [-2\lambda, 2\lambda]$. Nach dem Satz von LEBESGUE über dominierte Konvergenz (Satz V.2) erhalten wir, dass das Integral auf der linken Seite des Gleichheitszeichens für $\varepsilon \searrow 0$ gegen das Integral

$$\frac{1}{2} \int\limits_{-2\lambda}^{2\lambda} g(1 + it)\left(1 - \frac{|t|}{2\lambda}\right)e^{iyt}\, dt$$

konvergiert. Bei festem y und λ ist die durch ε indizierte Familie der Funktionen $[G(x) - 1]e^{-\varepsilon x}\frac{\sin^2[\lambda(x-y)]}{\lambda(x-y)^2}$ (mit der Variablen x) monoton abhängig von ε. Nach dem Satz von LEVI über monotone Konvergenz (Satz V.1) konvergiert das Integral $\int_0^\infty [G(x) - 1]e^{-\varepsilon x}\frac{\sin^2[\lambda(x-y)]}{\lambda(x-y)^2}\, dx$ für $\varepsilon \searrow 0$ gegen $\int_0^\infty [G(x) - 1]\frac{\sin^2\lambda(y-x)}{\lambda(y-x)^2}\, dx$. Wir erhalten daraus

$$\frac{1}{2} \int\limits_{-2\lambda}^{2\lambda} \left(1 - \frac{|t|}{2\lambda}\right)g(1 + it)e^{iyt}\, dt = \int\limits_{0}^{\infty} [G(x) - 1]\frac{\sin^2[\lambda(x - y)]}{\lambda(x - y)^2}\, dx.$$

Schritt 6:
Wir substituieren in dem Integral auf der rechten Seite $\lambda(x - y) = v$, $x = \frac{v}{\lambda} + y$, $dx = \frac{dv}{\lambda}$.

$$\frac{1}{2} \int\limits_{-2\lambda}^{2\lambda} \left(1 - \frac{|t|}{2\lambda}\right)g(1 + it)e^{iyt}\, dt = \int\limits_{v=-\lambda y}^{\infty} \left[G\left(y + \frac{v}{\lambda}\right) - 1\right]\frac{\sin^2 v}{v^2}\, dv \qquad (11.1)$$

Schritt 7:
Wir interpretieren das Integral auf der linken Seite des Gleichheitszeichens als Funktion von y, und zwar als mit einer Konstanten multiplizierte FOURIER-Transformierte $\hat{h}$ (in $-y$) der Funktion $h \in \mathcal{L}_1(\mathbb{R})$: $h(t) = 1_{[-2\lambda, 2\lambda]}(1 - \frac{|t|}{2\lambda})g(1 + it)$ (Definition F.c), und lassen in $\hat{h}$ das Argument y gegen ∞ gehen; das RIEMANN-LEBESGUE-Lemma F.3 besagt, dass der Grenzwert gleich 0 ist:

$$\frac{1}{2} \int\limits_{-2\lambda}^{2\lambda} \left(1 - \frac{|t|}{2\lambda}\right)g(1 + it)e^{iyt}\, dt = \sqrt{\frac{\pi}{2}} \cdot \frac{1}{\sqrt{2\pi}} \underbrace{\int\limits_{-\infty}^{\infty} 1_{[-2\lambda, 2\lambda]}(t)\left(1 - \frac{|t|}{2\lambda}\right)g(1 + it)\, e^{-i(-yt)}\, dt}_{h(t),\ h \in \mathcal{L}^1(\mathbb{R})}$$

$$= \sqrt{\frac{\pi}{2}} \cdot \hat{h}(-y) \xrightarrow{y \to \infty} 0$$

Als Folge erhalten wir aus (11.1)

$$\lim_{y \to \infty} \int\limits_{-\lambda y}^{\infty} G\left(y + \frac{v}{\lambda}\right)\frac{\sin^2 v}{v^2}\, dv = \int\limits_{-\infty}^{\infty} \frac{\sin^2 v}{v^2}\, dv.$$

Schritt 8:
Wir haben nur noch zu beweisen, dass das letzte Integral den Wert π hat. Zu diesem Zweck berechnen wir mit beliebig gegebenem $R > 0$ das Integral der Funktionen $\frac{e^{iz}}{z - ia}$

und $\frac{e^{iz}}{z+ia}$ für $a \in]0, R]$ über einen Weg $\gamma(R)$, der sich zusammensetzt aus den Teilwegen

$$\gamma_1(R): \; z \in [-R, R]$$
$$\gamma_2(R): \; z = Re^{i\varphi}, \quad 0 \le \varphi \le \pi$$
$$dz = iRe^{i\varphi}\,d\varphi. \qquad \text{(Abb. 11.2)}$$

Diese in $\mathbb{C}$ meromorphen Funktionen haben jeweils als einzige Singularität einen Pol 1. Ordnung in den Punkten ia bzw. $-ia$ mit den Residuen $e^{i(ia)} = e^{-a}$ bzw. $e^{i(-ia)} = e^{a}$.

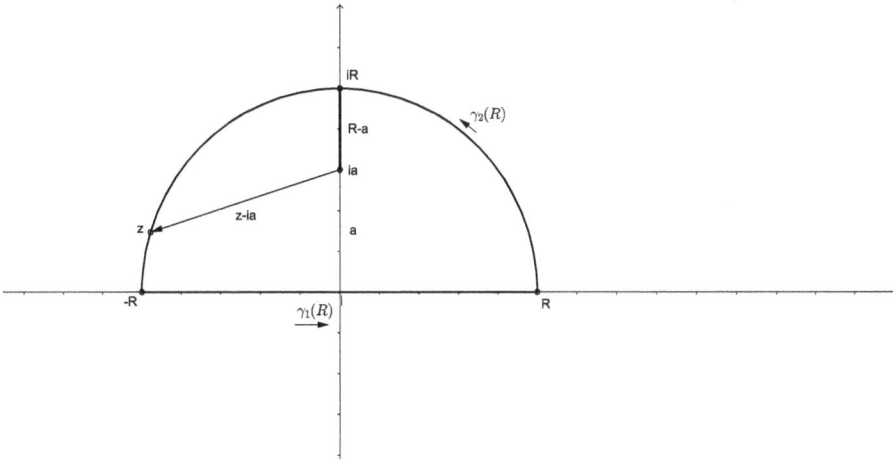

Abb. 11.2: Der Integrationsweg der Funktionen $\frac{e^{iz}}{z-ia}$ und $\frac{e^{iz}}{z+ia}$.

Nach dem Residuensatz K.1 ergibt sich

$$\int\limits_{\gamma(R)=\gamma_1(R)\cup\gamma_2(R)} \frac{e^{iz}}{z-ia}\,dz = 2i\pi e^{i(ia)} = 2i\pi e^{-a}$$

$$\int\limits_{\gamma(R)} \frac{e^{iz}}{z+ia}\,dz = 0.$$

Wir überzeugen uns nun davon, dass das Integral der Funktionen $\frac{e^{iz}}{z-ia}$ und $\frac{e^{iz}}{z+ia}$ über den Halbkreis $\gamma_2(R)$ für $R \to \infty$ gegen 0 konvergiert:

$$\left| \int\limits_{\gamma_2(R)} \frac{e^{iz}}{z-ia}\,dz \right| \le \int\limits_0^{\pi} \frac{|e^{i(Re^{i\varphi})}|}{|z-ia|}R\,d\varphi \qquad (e^{i\varphi} = \cos\varphi + i\sin\varphi)$$

$$\le \int\limits_0^{\pi} \frac{e^{-R\sin\varphi}}{R-a}R\,d\varphi$$

$$= \frac{R}{R-a} \int\limits_0^{\pi} e^{-R\sin\varphi}\,d\varphi \; \xrightarrow{R\to\infty} \; 0$$

(weil der Faktor $\frac{R}{R-a}$ gegen 1 konvergiert und das Integral dominiert durch $\int_0^\pi d\varphi = \pi$ für $R \to \infty$ gegen 0 geht),

$$\left| \int_{\gamma_2(R)} \frac{e^{iz}}{z+ia} \, dz \right| \leq \int_0^\pi \frac{|e^{i(Re^{i\varphi})}|}{|z+ia|} R \, d\varphi \quad (|z+ia| \geq R)$$

$$\leq \int_0^\pi e^{-R\sin\varphi} \, d\varphi \xrightarrow{R\to\infty} 0.$$

Die bisher abgeleiteten Resultate erlauben uns, weiter zu folgern

$$\int_{-\infty}^{\infty} \frac{e^{ix}}{x^2+a^2} \, dx = \frac{1}{2ia} \lim_{R\to\infty} \int_{-R}^{R} \left[\frac{e^{ix}}{x-ia} - \frac{e^{ix}}{x+ia} \right] dx$$

$$= \frac{1}{2ia} \lim_{R\to\infty} \int_{\gamma(R)} \left[\frac{e^{iz}}{z-ia} - \frac{e^{iz}}{z+ia} \right] dz$$

$$= \frac{2i\pi e^{-a}}{2ia} = \frac{\pi e^{-a}}{a}.$$

Dieses Integral ist reell, also ist sein Imaginärteil $\int_{-\infty}^{\infty} \frac{i\sin x}{x+a^2} \, dx$ gleich 0. Das ergibt

$$a \int_{-\infty}^{\infty} \frac{\cos x}{x^2+a^2} \, dx = \pi e^{-a}.$$

Aus der elementaren Analysis ist die Formel

$$a \int_{-\infty}^{\infty} \frac{dx}{x^2+a^2} = \arctan \frac{x}{a} \Big|_{-\infty}^{\infty} = \pi$$

bekannt. Wir erhalten aufgrund der Gleichung $2\sin^2 \alpha = 1 - \cos 2\alpha$

$$a \int_{-\infty}^{\infty} \frac{1-\cos x}{x^2+a^2} \, dx = \pi(1-e^{-a})$$

$$2 \int_{-\infty}^{\infty} \frac{\sin^2 \frac{x}{2}}{x^2+a^2} \, dx = \pi \frac{1-e^{-a}}{a}$$

$$= \pi \frac{e^0 - e^{-a}}{0-(-a)} \qquad \begin{array}{l} \text{(der Differenzenquotient geht für } a \to 0 \\ \text{gegen } (e^x)'(0) = 1, \text{ während das Integral} \\ \text{dominiert konvergiert)} \end{array}$$

$$\int_{-\infty}^{\infty} \frac{\sin^2 \frac{x}{2}}{\frac{x^2}{2}} \, dx = \pi \qquad \text{(und bei Substition } x = 2v, \ dx = 2dv)$$

$$\int_{-\infty}^{\infty} \frac{\sin^2 v}{v^2} \, dv = \pi.$$

Damit ist Schritt 8 durchgeführt und die Gleichung

$$\lim_{y\to\infty} \int\limits_{-\lambda y}^{\infty} G\left(y + \frac{v}{\lambda}\right) \frac{\sin^2 v}{v^2} \, dv = \pi$$

gezeigt.

Die in Schritt 8 durchgeführten Überlegungen lassen sich wesentlich verkürzen, wenn man einen weiteren Satz (Satz F.5) aus der FOURIER-Analysis anwendet. Die Funktion $f = 1_{[-1,1]}$ gehört dem Durchschnitt $\mathcal{L}_1(\mathbb{R}) \cap \mathcal{L}_2(\mathbb{R})$ an. Nach dem Satz F.5 von PLAN-CHEREL und dem in Anhang F besprochenen Beispiel gilt

$$2 = \int\limits_{\mathbb{R}} |f(x)|^2 \, dx = \int\limits_{\mathbb{R}} |\hat{f}(x)|^2 \, dx = \frac{2}{\pi} \int\limits_{-\infty}^{\infty} \frac{\sin^2 x}{x^2} \, dx,$$

d. h. $\int\limits_{-\infty}^{\infty} \frac{\sin^2 x}{x^2} \, dx = \pi$. $\qquad\qquad\qquad\qquad\qquad\qquad\qquad\qquad\qquad$ $\square$

Für die folgenden zwei Hilfssätze benötigen wir noch Abschätzungen des Integranden $G(y + \frac{v}{\lambda}) \frac{\sin^2 v}{v^2}$ für $0 < a \le \lambda y$ ($\lambda > 0, y > 0$), d. h. $-\lambda y \le -a < a \le \lambda y$ und (wegen der Integralgrenzen) für $-a \le v \le a$. Die Monotonie der Funktion F liefert

$$F\left(y - \frac{a}{\lambda}\right) \le F\left(y + \frac{v}{\lambda}\right) \le F\left(y + \frac{a}{\lambda}\right)$$

$$e^{y-a/\lambda} G\left(y - \frac{a}{\lambda}\right) \le e^{y+v/\lambda} G\left(y + \frac{v}{\lambda}\right) \le e^{y+a/\lambda} G\left(y + \frac{a}{\lambda}\right) \qquad \begin{matrix}\text{(dann Multiplikation} \\ \text{mit } e^{-(y+v/\lambda)}) \end{matrix}$$

$$e^{-(a+v)/\lambda} G\left(y - \frac{a}{\lambda}\right) \le G\left(y + \frac{v}{\lambda}\right) \le e^{(a-v)/\lambda} G\left(y + \frac{a}{\lambda}\right)$$

$$e^{-2a/\lambda} G\left(y - \frac{a}{\lambda}\right) \le G\left(y + \frac{v}{\lambda}\right) \le e^{2a/\lambda} G\left(y + \frac{a}{\lambda}\right). \qquad\qquad (11.2)$$

Die erste Ungleichung in (11.2) benötigen wir für den Beweis des Hilfssatzes 11.3, die zweite Ungleichung in (11.2) für den Beweis des Hilfssatzes 11.4.

Beweis des Hilfssatzes 11.3. Wegen $-\lambda y \le -a$ und der ersten Ungleichung in (11.2) gilt

$$\int\limits_{-a}^{a} e^{-2a/\lambda} G\left(y - \frac{a}{\lambda}\right) \frac{\sin^2 v}{v^2} \, dv \le \int\limits_{-\lambda y}^{\infty} G\left(y + \frac{v}{\lambda}\right) \frac{\sin^2 v}{v^2} \, dv$$

$$e^{-2a/\lambda} G\left(y - \frac{a}{\lambda}\right) \int\limits_{-a}^{a} \frac{\sin^2 v}{v^2} \, dv \le \int\limits_{-\lambda y}^{\infty} G\left(y + \frac{v}{\lambda}\right) \frac{\sin^2 v}{v^2} \, dv$$

$$G\left(y - \frac{a}{\lambda}\right) \le \frac{e^{2a/\lambda}}{\int\limits_{-a}^{a} \frac{\sin^2 v}{v^2} \, dv} \int\limits_{-\lambda y}^{\infty} G\left(y + \frac{v}{\lambda}\right) \frac{\sin^2 v}{v^2} \, dv.$$

Wenn wir y gegen ∞ gehen lassen, geht laut Hilfssatz 11.2 das letzte Integral gegen π. Das hat zur Folge

$$\limsup_{y\to\infty} G(y) = \limsup_{y\to\infty} G\left(y - \frac{a}{\lambda}\right)$$

$$\leq \frac{\pi e^{2a/\lambda}}{\displaystyle\int_{-a}^{a} \frac{\sin^2 v}{v^2}\, dv} \qquad \text{(für jede Wahl von } \lambda > 0, \text{ insbesondere } \lambda = a^2\text{)}$$

$$\leq \frac{\pi e^{2/a}}{\displaystyle\int_{-a}^{a} \frac{\sin^2 v}{v^2}\, dv} \qquad (a \to \infty)$$

$$\limsup_{y\to\infty} G(y) \leq \frac{\pi}{\pi} = 1. \qquad \qquad \square$$

Beweis des Hilfssatzes 11.4. Die Funktion G ist nach Hilfssatz 11.3 auf $[0, \infty[$ beschränkt durch eine Konstante C. Durch Aufspaltung des Integrales in Integrale über die drei Intervalle $[-\lambda y, -a]$, $[-a, a]$, $[a, \infty[$ und Anwendung der zweiten Ungleichung in (11.2) erhalten wir

$$\int_{-\lambda y}^{\infty} G\left(y + \frac{v}{\lambda}\right)\frac{\sin^2 v}{v^2}\, dv \leq C\underbrace{\left[\int_{-\infty}^{-a} \frac{\sin^2 v}{v^2}\, dv + \int_{a}^{\infty} \frac{\sin^2 v}{v^2}\, dv\right]}_{I(a)} + e^{2a/\lambda} G\left(y + \frac{a}{\lambda}\right)\int_{-a}^{a}\frac{\sin^2 v}{v^2}\, dv.$$

Nach Hilfssatz 11.2 geht die linke Seite dieser Ungleichung für $y \to \infty$ gegen π, während (unabhängig davon) der Ausdruck $I(a)$ in eckigen Klammern für $a \to \infty$ wegen der Konvergenz des Integrales $\int_{-\infty}^{\infty} \frac{\sin^2 v}{v^2}\, dv = \pi$ gegen 0 konvergiert. Wir schließen daraus

$$\pi \leq CI(a) + e^{2a/\lambda}\int_{-a}^{a}\frac{\sin^2 v}{v^2}\, dv \cdot \liminf_{y\to\infty} G(y)$$

$$\liminf_{y\to\infty} G(y) \geq \frac{\pi - CI(a)}{e^{2a/\lambda}\displaystyle\int_{-a}^{a}\frac{\sin^2 v}{v^2}\, dv}$$

für jede Wahl von $\lambda > 0$, insbesondere $\lambda = a^2$

$$\liminf_{y\to\infty} G(y) \geq \frac{\pi - CI(a)}{e^{2/a}\displaystyle\int_{-a}^{a}\frac{\sin^2 v}{v^2}\, dv} \xrightarrow{a\to\infty} \frac{\pi}{\pi} = 1. \qquad \square$$

Beweis des Satzes 11.1. Die Behauptung folgt unmittelbar aus den Aussagen der Hilfssätze 11.3 und 11.4. $\qquad \square$

Satz 11.5 (Primzahlsatz).

$$\pi(x) = \frac{x}{\log x} + o\left(\frac{x}{\log x}\right) \qquad \text{für } x \to \infty.$$

Beweis. Wegen Satz 2.1 haben wir nur $\lim_{x\to\infty} \frac{\psi(x)}{x} = 1$ nachzuweisen. Das ist aber, wie eingangs dieses Paragraphen dargelegt, die Aussage des Satzes 11.1 von WIENER-IKEHARA:

$$\lim_{y\to\infty} G(y) = \lim_{y\to\infty} \frac{F(y)}{e^y} = \lim_{y\to\infty} \frac{\psi(e^y)}{e^y} = \lim_{t\to\infty} \frac{\psi(t)}{t} = \lim_{x\to\infty} \frac{\pi(x)}{x\,/\log x} = 1. \qquad \square$$

§ 12 Folgerungen aus dem Primzahlsatz

Das *Logarithmische Integral* (auch als *Integrallogarithmus* bezeichnet) ist die Funktion *Li* auf $]1, \infty[$, die für $x > 1$ folgendermaßen definiert ist:

Definition 12.a.

$$Li(x) = \mathcal{P} - \int_0^x \frac{dt}{\log t} = \lim_{\varepsilon \searrow 0} \left[\int_0^{1-\varepsilon} \frac{dt}{\log t} dt + \int_{1+\varepsilon}^x \frac{dt}{\log t} \right].$$

Der Buchstabe $\mathcal{P}$ signalisiert hier den sogenannten CAUCHYschen *Hauptwert* (*principal value*) des an sich wegen der Unstetigkeit von $\frac{1}{\log x}$ in $x = 1$ nicht definierten Integrales. Zweckmäßigerweise wird das Integral zerlegt in (Anhang W)

$$Li(x) = Li(e) + \int_e^x \frac{dt}{\log t}$$

$$= \mathcal{P} - \int_0^e \frac{dt}{\log t} + \int_e^x \frac{dt}{\log t}$$

$$= 1{,}8951178 \cdots + \int_e^x \frac{dt}{\log t}.$$

Bereits GAUSS vermutete $\pi(x) \sim Li(x)$ $(x \to \infty)$, besaß aber keinen Beweis dafür. Auf Grund des Primzahlsatzes folgt diese Aussage aus

Satz 12.1. *Für $x \to \infty$ gilt*

$$Li(x) = \frac{x}{\log x} + o\left(\frac{x}{\log x}\right).$$

Aus Satz 12.1 folgt $\lim_{x\to\infty} \frac{Li(x)}{x/\log x} = 1$, also $Li(x) \sim \frac{x}{\log x} \sim \pi(x)$ für $x \to \infty$.

Beweis des Satzes 12.1. Der Summand $Li(e)$ von $Li(x)$ ist jedenfalls $o\left(\frac{x}{\log x}\right)$ und kann vernachlässigt werden. Partielle Integration liefert

$$\int_e^x \frac{dt}{\log t} = \frac{x}{\log x} - e + \int_e^x \frac{dt}{\log^2 t}$$

wobei

$$\int_e^x \frac{dt}{\log^2 t} = \int_e^{\sqrt{x}} \frac{dt}{\log^2 t} + \int_{\sqrt{x}}^x \frac{dt}{\log^2 t}.$$

Bei gegebenem $\varepsilon > 0$ weisen wir nun nach, dass für hinreichend großes x die Abschätzung

$$\frac{\log x}{x} \cdot \int_e^x \frac{dt}{\log^2 t} < \varepsilon$$

zutrifft. Wir wählen $x_\varepsilon > 0$ so groß dass für $t \geq \sqrt{x_\varepsilon}$ die Abschätzung $\frac{1}{\log t} \leq \frac{\varepsilon}{3}$ zutrifft. Für $x > x_\varepsilon$ erhalten wir

$$\frac{\log x}{x} \cdot \int_e^{\sqrt{x}} \frac{dt}{\log^2 t} + \frac{\log x}{x} \cdot \int_{\sqrt{x}}^x \frac{dt}{\log^2 t} \leq \frac{\log x}{x} \cdot (\sqrt{x} - e) + \frac{\log x}{x} \cdot (x - \sqrt{x}) \cdot \frac{1}{\log \sqrt{x}} \cdot \frac{\varepsilon}{3}$$

$$\leq \frac{\log x}{\sqrt{x}} + 2 \cdot \frac{\varepsilon}{3}.$$

Der letzte Ausdruck wird für genügend großes x kleiner als ε. Damit ist die Behauptung bewiesen. □

Tatsächlich liegt $Li(x)$ näher bei $\pi(x)$ als $\frac{x}{\log x}$ ([RIBENBOIM] S. 181).

Aus dem Primzahlsatz erhalten wir auch Antworten auf einige sich natürlich ergebende Fragen, wie die nach der Größenordnung der n-ten Primzahl. Um die Terminologie zu vereinfachen, setzen wir $l(x) := x / \log x$ und merken an, dass $\lim_{x\to\infty} l(x + c) / l(x) = \lim_{x\to\infty} \frac{x+c}{x} \cdot \frac{\log x}{\log(x+c)} = 1$. Der Primzahlsatz besagt

$$\pi(x) = l(x)(1 + o(1)) \quad \text{für } x \to \infty,$$

woraus für $\varepsilon > 0$ und $x \to \infty$ folgt

$$\pi([1 + \varepsilon]x) - \pi(x) = [l([1 + \varepsilon]x) - l(x)](1 + o(1))$$

$$\frac{\pi([1 + \varepsilon]x) - \pi(x)}{l(x)} = (1 + o(1)) \left(\frac{l([1 + \varepsilon]x)}{l(x)} - 1 \right)$$

$$\frac{l([1 + \varepsilon]x)}{l(x)} = \frac{[1 + \varepsilon]x}{\log[1 + \varepsilon] + \log x} \cdot \frac{\log x}{x}$$

$$= \frac{1 + \varepsilon}{\frac{\log[1+\varepsilon]}{\log x} + 1} \xrightarrow{x\to\infty} 1 + \varepsilon$$

$$\lim_{x\to\infty} \frac{\pi([1 + \varepsilon]x) - \pi(x)}{l(x)} = \varepsilon$$

$$\pi([1 + \varepsilon]x) - \pi(x) \sim \varepsilon \frac{x}{\log x} \quad (x \to \infty).$$

Satz 12.2. *Die Anzahl der Primzahlen zwischen x und $(1 + \varepsilon)x$ ist asymptotisch gleich* $\varepsilon \frac{x}{\log x}$.

p_n sei die n-te Primzahl, also $\pi(p_n) = n$. Setzen wir im Primzahlsatz $x = p_n$, so erhalten wir

$$\lim_{n \to \infty} \frac{n}{p_n \,/ \log p_n} = \lim_{n \to \infty} \frac{n \log p_n}{p_n} = 1$$

(wir nehmen auf beiden Seiten der letzten Gleichung den Logarithmus und multiplizieren mit $\frac{n}{p_n} < 1$)

$$\lim_{n \to \infty} (\log n + \log \log p_n - \log p_n) = 0$$

$$\lim_{n \to \infty} \left(\underbrace{\frac{n \log n}{p_n}}_{} + \underbrace{\frac{n \log p_n}{p_n}}_{\downarrow \atop 1} \cdot \underbrace{\frac{\log \log p_n}{\log p_n}}_{\downarrow \atop 0} - \underbrace{\frac{n \log p_n}{p_n}}_{\downarrow \atop 1} \right) = 0$$

$$\lim_{n \to \infty} \frac{n \log n}{p_n} = 1$$

$$p_n \sim n \log n \qquad n \to \infty.$$

Satz 12.3. *Die n-te Primzahl ist asymptotisch gleich $n \log n$.*

Die letzte Frage, die wir hier beantworten wollen, lautet: Wie weit muss man gehen, um die nächste Primzahl zu finden? Mit Hilfe von Satz 12.3 erhalten wir

$$p_n = n \log n \cdot (1 + o(1)) \qquad n \to \infty$$

$$\frac{p_{n+1}}{p_n} = \underbrace{\frac{n+1}{n}}_{\downarrow \atop 1} \cdot \underbrace{\frac{\log(n+1)}{\log n}}_{\downarrow \atop 1} \cdot \underbrace{\frac{1 + o(1)}{1 + o(1)}}_{\downarrow \atop 1} \xrightarrow{n \to \infty} 1.$$

Satz 12.4. *Für jedes $\varepsilon > 0$ gibt es ein $N_\varepsilon \in \mathbb{N}$, mit der Eigenschaft, dass für $n \geq N_\varepsilon$ die Beziehung $p_{n+1} < (1 + \varepsilon)p_n$ gilt.*

IV Die zeta-Funktion auf der komplexen Ebene $\mathbb{C}$

§ 13 Die Gamma-Funktion

Unser Ziel ist der Einblick in die analytische Fortsetzbarkeit der zeta-Funktion auf die ganze komplexe Ebene. Dazu brauchen wir die Gamma-Funktion, die zunächst in der Halbebene $\mathbb{C}_0$ definiert ist.

Definition 13.a. Für $s \in \mathbb{C}_0$ ist die Funktion Γ definiert durch

$$\Gamma(s) := \int_0^\infty t^{s-1} e^{-t}\, dt \qquad t = u^2,\; dt = 2u\,du$$

$$= 2 \int_0^\infty u^{2s-1} e^{-u^2}\, du.$$

Das Integral konvergiert gleichmäßig auf jeder kompakten Untermenge von $\mathbb{C}_0$, die Gamma-Funktion ist daher (Satz H.7) holomorph in $\mathbb{C}_0$, und $\Gamma(1) = 1$.

Für $s \in \mathbb{C}_0$ erhalten wir durch partielle Integration die Gleichung

$$\Gamma(s+1) = \int_0^\infty t^s e^{-t}\, dt = -e^{-t} t^s \big|_0^\infty + s \int_0^\infty t^{s-1} e^{-t}\, dt = s\Gamma(s).$$

Satz 13.1.
$$\Gamma(s+1) = s\Gamma(s) \quad (s \in \mathbb{C}_0).$$

Diese Gleichung erlaubt es, die Gamma-Funktion durch

$$\Gamma(s) = \frac{\Gamma(s+1)}{s}$$

zunächst auf die Menge $\{s = i\tau : \tau \in \mathbb{R} \setminus \{0\}\}$ und danach in den Streifen $\{s \in \mathbb{C} \setminus \{0\} : \mathbb{R}(s) \in\,]{-1}, 0]\}$ analytisch fortzusetzen und dann durch Wiederholung dieser Definition auf die ganze linke Halbebene $\mathbb{C}_- = \{s \in \mathbb{C} : \mathbb{R}(s) \leq 0\}$ mit Ausnahme der Punkte $s \in -\mathbb{N}_0$. Die entsprechende Formel lässt sich für $\mathbb{R}(s) > -n$ ($n \in \mathbb{N}$) schreiben als

$$\Gamma(s) = \frac{\Gamma(s+n+1)}{s(s+1)\cdots(s+n)}.$$

Aus ihr geht hervor, dass die Punkte $s = -n$ ($n \in \mathbb{N}$) einfache Pole der Gamma-Funktion mit dem jeweiligen Residuum $\frac{(-1)^n}{n!}$ sind, wie auch der Punkt $s = 0$ mit dem Residuum 1. Zusammengefasst:

Satz 13.2. *Die Funktion Γ lässt sich analytisch zu einer auf $\mathbb{C}$ meromorphen Funktion fortsetzen, deren einzige Singularitäten einfache Pole in den Punkten $s = -n$ ($n \in \mathbb{N}_0$) mit dem Residuum $Res(\Gamma, -n) = \frac{(-1)^n}{n!}$ sind.*

https://doi.org/10.1515/9783110500035-006

Die Gamma-Funktion erlaubt noch andere Darstellungen, die für unsere Ziele von Bedeutung sind:

Satz 13.3.

(a)
$$\Gamma(\sigma) = \lim_{n\to\infty} \frac{n!\,n^\sigma}{\sigma(\sigma+1)\cdots(\sigma+n)} \qquad (\sigma > 0),$$

(b)
$$\frac{1}{\Gamma(s)} = s e^{\gamma s} \prod_{n=1}^{\infty} \left(1 + \frac{s}{n}\right) e^{-s/n} \qquad (s \in \mathbb{C} \setminus -\mathbb{N}_0).$$

Beweis. Zum Beweis von (a) nutzen wir die Tatsache, dass die Folge $\{a_n = (1 + \frac{t}{n})^n\}_{n=1}^{\infty}$ für $n > |t|$ ($t \in \mathbb{R}$) monoton wachsend ist. Um das einzusehen, überlegen wir für $n > 1$ und $-(n-1) < t < n-1$

$$\frac{a_n}{a_{n-1}} = \frac{(n+t)^n(n-1)^{n-1}}{n^n(n-1+t)^{n-1}}$$

$$= \frac{(n-1+t)}{(n-1)} \cdot \frac{(n^2+tn-n-t)^n}{n^n(n-1+t)^n}$$

$$= \frac{n-1+t}{n-1} \cdot \frac{(n - \frac{t}{n+t-1})^n}{n^n}$$

$$= \frac{n-1+t}{n-1} \cdot \left(1 - \frac{t}{n(n+t-1)}\right)^n.$$

Um einzusehen, dass die Potenz des Klammerausdrucks größer oder gleich $1 - \frac{t}{n+t-1}$ ist (daraus werden wir unsere Behauptung dann ableiten), wenden wir die BERNOULLI-Ungleichung $(1+h)^n \geq 1 + nh$ an, die zutrifft, wenn $h > -1$ ist. Tatsächlich ist wegen $n+t-1 > 0$ für $t \leq 0$ die Größe $h = -\frac{t}{n(n+t-1)} \geq 0 > -1$ und für $t > 0$ die Größe $h = -\frac{t}{n(n+t-1)} \geq -\frac{t}{n\cdot t} = -\frac{1}{n} > -1$. Daraus ergibt sich

$$\frac{a_n}{a_{n-1}} \geq \frac{n-1+t}{n-1} \cdot \left(1 - \frac{t}{n+t-1}\right)$$

$$= \frac{n-1+t}{n-1} \cdot \frac{n+t-1-t}{n+t-1} = 1.$$

Als Folge ergibt sich, dass für jedes $t \geq 0$ die Funktionswerte

$$1_{[0,n]}(t)\left(1 - \frac{t}{n}\right)^n = \begin{cases} 0 & t > n \\ (1-\frac{t}{n})^n & 0 \leq t \leq n \end{cases}$$

für wachsendes n schließlich auch monoton wachsen. Um den Grenzwert der Folge $\{(1-\frac{t}{n})^n\}_1^{\infty}$ für $n \to \infty$ zu bestimmen, berufen wir uns auf die bereits mehrfach zu

Hilfe genommene TAYLOR-Entwicklung des Logarithmus:

$$\log\left(1 - \frac{t}{n}\right)^n = n\log\left(1 - \frac{t}{n}\right) \quad (|t| < n)$$

$$= -n \cdot \sum_{k=1}^{\infty} \frac{t^k}{k \cdot n^k}$$

$$= -t - n \sum_{k=2}^{\infty} \frac{t^k}{k \cdot n^k}$$

$$= -t - t \sum_{k=1}^{\infty} \frac{t^k}{(k+1) \cdot n^k}$$

$$= -t\left[1 - \theta_n \log\left(1 - \frac{t}{n}\right)\right] \quad (0 < \theta_n < 1)$$

$$\lim_{n \to \infty} \log\left(1 - \frac{t}{n}\right)^n = -t$$

$$\lim_{n \to \infty} \left(1 - \frac{t}{n}\right)^n = e^{-t}.$$

Wir erhalten

$$\lim_{n \to \infty} 1_{[0,n]}(t)\left(1 - \frac{t}{n}\right)^n = 1_{[0,\infty[}e^{-t}.$$

Wenden wir dies auf die Definition der Gamma-Funktion an, so erhalten wir für $\sigma > 0$ durch Anwendung partieller Integrationen (alle Integrale mit Obergrenze n sind durch $\int_0^{\infty} t^{\sigma-1}e^{-t}\,dt = \Gamma(\sigma) < \infty$ majorisiert)

$$\Gamma(\sigma) = \int_0^{\infty} t^{\sigma-1}e^{-t}\,dt = \lim_{n\to\infty}\int_0^n \left(1 - \frac{t}{n}\right)^n t^{\sigma-1}\,dt \qquad \frac{t}{n} = u, \ dt = n\,du$$

$$\int_0^n \left(1 - \frac{t}{n}\right)^n t^{\sigma-1}\,dt = \int_0^1 (1-u)^n u^{\sigma-1} n^{\sigma-1} n\,du = n^\sigma \int_0^1 (1-u)^n u^{\sigma-1}\,du$$

$$= n^\sigma \left[\underbrace{\frac{u^\sigma}{\sigma}(1-u)^n\Big|_0^1}_{=0} + \frac{n}{\sigma}\int_0^1 (1-u)^{n-1}u^\sigma\,du\right]$$

$$= \cdots = \frac{n^\sigma n!}{\sigma(\sigma+1)\cdots(\sigma+n-1)}\int_0^1 u^{\sigma+n-1}\,du = \frac{n^\sigma n!}{\sigma(\sigma+1)\cdots(\sigma+n)}.$$

$\square$

Wir wenden uns nun dem Beweis von (b) zu. Angewendet auf $\frac{1}{\Gamma(\sigma)}$ ($\sigma > 0$) ergibt die Aussage von (a)

$$\frac{1}{\Gamma(\sigma)} = \lim_{n\to\infty} \frac{\sigma(\sigma+1)\cdots(\sigma+n)}{n!\,n^\sigma}$$

$$= \sigma \lim_{n\to\infty} n^{-\sigma}\left(\frac{1+\sigma}{1}\right)\left(\frac{2+\sigma}{2}\right)\cdots\left(\frac{n+\sigma}{n}\right)$$

$$= \sigma \lim_{n\to\infty} e^{-\sigma\log n} \prod_{k=1}^{n}\left(1+\frac{\sigma}{k}\right) \qquad \left(\text{wir erweitern mit } e^{\left(\sum_{k=1}^{n}\frac{\sigma}{k}\right)} = \prod_{k=1}^{n} e^{\sigma/k}\right)$$

$$= \sigma \lim_{n\to\infty} e^{\sigma\left(\sum_{k=1}^{n}\frac{1}{k}-\log n\right)} \prod_{k=1}^{n}\left(1+\frac{\sigma}{k}\right) e^{-\sigma/k}$$

$$= \sigma e^{\sigma\gamma} \prod_{k=1}^{\infty}\left(1+\frac{\sigma}{k}\right) e^{-\sigma/k}.$$

(Hier ist γ die aus Definition 1.a bekannte EULER–MASCHERONI-Konstante.) Um zu zeigen, dass diese Gleichung sich auf ganz $\mathbb{C}$ fortsetzen lässt, überzeugen wir uns davon, dass die Funktion $Q(s) := s e^{s\gamma} \prod_{k=1}^{\infty}(1+\frac{s}{k})e^{-\frac{s}{k}}$ für alle $R > 0$ auf dem Gebiet $D = \{s \in \mathbb{C} : |s| < R, s \notin -\mathbb{N}\}$ holomorph ist. Dazu verwenden wir den

Satz 13.4 (Hilfssatz). *Für jedes $k \in \mathbb{N}$ sei die Funktion f_k in einem beschränkten Gebiet D holomorph und ungleich -1. Außerdem sei dort jede Funktion f_k absolut beschränkt durch das Glied $a_k > 0$ einer konvergenten Reihe $\sum_{k=1}^{\infty} a_k < \infty$. Dann ist das unendliche Produkt $\prod_{k=1}^{\infty}(1+f_k(s))$ in D holomorph und ungleich 0.*

Beweis. Ab einem gewissen $K > 0$ ist für alle $k \geq K$ und alle $s \in D$ die Ungleichung $|f_k(s)| \leq a_k < \frac{1}{2}$ erfüllt, also $1 + f_k(s)$ im Kreis mit dem Mittelpunkt 1 und dem Radius $\frac{1}{2}$ enthalten. In diesem Kreis ist der (Hauptzweig der Funktion) Logarithmus eindeutig definiert. Wir können deshalb schreiben

$$\prod_{k=K}^{\infty}(1+f_k(s)) = \prod_{k=K}^{\infty} e^{\log(1+f_k(s))} = e^{\sum_{k=K}^{\infty}\log(1+f_k(s))} \neq 0,$$

wobei

$$|\log(1+f_k(s))| = \left|\sum_{n=1}^{\infty}(-1)^{n+1}\frac{(f_k(s))^n}{n}\right| \leq \sum_{n=1}^{\infty}\frac{|f_k(s)|^n}{n} \leq \sum_{n=1}^{\infty}\frac{a_k^n}{n}$$
$$< \sum_{n=0}^{\infty} a_k^n$$
$$= \frac{1}{1-a_k}.$$
$$< 2$$

Also ist $\sum_{k=K}^{\infty}\log(1+f_k(s))$ in D normal konvergent (Definition H.e) und damit (Satz H.6) holomorph in D. Dann ist auch $\prod_{k=1}^{\infty}(1+f_k(s)) = \prod_{k=1}^{K-1}(1+f_k(s))\prod_{k=K}^{\infty}(1+f_k(s))$ holomorph und ungleich 0 in D.

Wir wenden diesen Hilfssatz an auf $f_k(s) = (1+\frac{s}{k})e^{-s/k} - 1$ ($s \notin -\mathbb{N}$), schreiben $w = \frac{s}{k}$ und erhalten

$$1+f_k(s) = \left(1+\frac{s}{k}\right)e^{-s/k}$$
$$= (1+w)e^{-w}$$

$$= (1 + w)(1 - w + w^2 g(w))$$

(g ist als konvergente Potenzreihe holomorph in D)

$$= 1 - w^2 + w^2(1 + w)g(w)$$

$$= 1 + w^2 h(w)$$

$$\left| \left(1 + \frac{s}{k}\right) e^{-\frac{s}{k}} - 1 \right| = \left| \left(\frac{s}{k}\right)^2 h\left(\frac{s}{k}\right) \right|$$

(und wegen der Beschränktheit des Gebietes D für eine geeignete Konstante $C > 0$)

$$\leq \frac{C}{k^2} = a_k \quad \left(\sum_{k=1}^{\infty} \frac{C}{k^2} < \infty \right). \qquad \square$$

Da R beliebig groß sein darf, ist das Ergebnis unserer Überlegungen nicht nur die Behauptung (b) des Satzes 13.3, sondern sogar

Satz 13.5. *Die Gamma-Funktion ist (abseits der Pole in $-\mathbb{N}_0$) ungleich 0 und erfüllt dort die Gleichung*

$$\Gamma(s) = \frac{1}{s e^{\gamma s} \prod_{k=1}^{\infty} (1 + \frac{s}{k}) e^{-s/k}}.$$

Die genannte Gleichung hat für $s \notin \mathbb{Z}$ noch interessante Konsequenzen:

$$\frac{1}{\Gamma(s)} \cdot \frac{1}{\Gamma(-s)} = s e^{s\gamma} \prod_{k=1}^{\infty} \left(1 + \frac{s}{k}\right) e^{-s/k} \cdot (-s) e^{-s\gamma} \prod_{k=1}^{\infty} \left(1 - \frac{s}{k}\right) e^{s/k}$$

$$= -s^2 \prod_{k=1}^{\infty} \left(1 - \frac{s^2}{k^2}\right)$$

$$= -\frac{s}{\pi} \cdot \pi s \prod_{k=1}^{\infty} \left(1 - \frac{s^2}{k^2}\right).$$

Der Faktor nach dem Multiplikationspunkt ist $\sin(\pi s)$ (Satz S.1). Es gilt also

Satz 13.6. *Für $s \notin \mathbb{Z}$ gilt*
(a)
$$\Gamma(s) \cdot \Gamma(-s) = -\frac{\pi}{s \sin \pi s}$$

(b)
$$\frac{1}{\Gamma(s)} \cdot \frac{1}{\Gamma(1 - s)} = \frac{\sin \pi s}{\pi}.$$

Die Aussage *(b)* benützt die Beziehung $\Gamma(1 - s) = -s\Gamma(-s)$.

Mit der Gamma-Funktion hängt noch eine Funktion zusammen, die auch im Beweis der Funktionalgleichung der zeta-Funktion eine Rolle spielt:

Definition 13.b. Die *Beta-Funktion* $B(x, y)$ ist definiert auf $\mathbb{R}^+ \times \mathbb{R}^+$ durch

$$B(x, y) := \frac{\Gamma(x)\Gamma(y)}{\Gamma(x + y)}.$$

Die Beta-Funktion erlaubt eine Integral-Darstellung. Um diese herzuleiten, berechnen wir das Doppelintegral über den ersten Quadranten von $\mathbb{C}$ durch Übergang zu Polarkoordinaten. Für $x > 0, y > 0$ gilt

$$\Gamma(x)\Gamma(y) = 4 \int_0^\infty \int_0^\infty e^{-(u^2+v^2)} u^{2x-1} v^{2y-1} \, du \, dv$$

$$u = r \cos \varphi$$
$$v = r \sin \varphi$$
$$\frac{\partial(u, v)}{\partial(r, \varphi)} = r$$

$$= 4 \int_{r=0}^\infty \int_{\varphi=0}^{\pi/2} e^{-r^2} r^{2(x+y)-1} (\cos \varphi)^{2x-1} (\sin \varphi)^{2y-1} \, dr \, d\varphi$$

$$= 2 \int_0^\infty e^{-r^2} r^{2(x+y)-1} \, dr \cdot 2 \int_0^{\pi/2} (\cos \varphi)^{2x-1} (\sin \varphi)^{2y-1} \, d\varphi$$

$$= \Gamma(x + y) \cdot 2 \int_0^{\pi/2} (\cos \varphi)^{2x-1} (\sin \varphi)^{2y-1} \, d\varphi.$$

Wir erhalten

Satz 13.7.

$$B(x, y) = 2 \int_0^{\pi/2} (\cos \varphi)^{2x-1} (\sin \varphi)^{2y-1} \, d\varphi \qquad (x > 0, y > 0).$$

Für $x = y$ erhalten wir

$$\frac{\Gamma(x)^2}{\Gamma(2x)} = 2 \int_0^{\pi/2} (\cos \varphi \sin \varphi)^{2x-1} \, d\varphi$$

$$= \frac{2}{2^{2x-1}} \int_0^{\pi/2} (\sin 2\varphi)^{2x-1} \, d\varphi \qquad 2\varphi = \lambda, \ 2d\varphi = d\lambda$$

$$= \frac{1}{2^{2x-1}} \int_0^\pi (\sin \lambda)^{2x-1} \, d\lambda.$$

Für $x = \frac{1}{2}$ ergibt dies $\Gamma(\frac{1}{2})^2 = \int_0^\pi d\lambda = \pi$, also $\Gamma(\frac{1}{2}) = \sqrt{\pi}$. Die Integralformel der Beta-Funktion, in der wir den Exponenten 0 von $\cos \varphi$ als $2 \cdot \frac{1}{2} - 1$ schreiben, ergibt (um den Anschluss an die folgenden Paragraphen optisch zu erleichtern schreiben wir wieder s statt x)

$$\frac{\Gamma(s)^2}{\Gamma(2s)} = \frac{2}{2^{2s-1}} \int\limits_0^{\pi/2} (\cos\varphi)^{2\cdot\frac{1}{2}-1}(\sin\varphi)^{2s-1}\,d\varphi$$

$$= \frac{1}{2^{2s-1}} B\left(\frac{1}{2}, s\right)$$

$$= \frac{1}{2^{2s-1}} \cdot \frac{\Gamma(\frac{1}{2})\Gamma(s)}{\Gamma(s+\frac{1}{2})} \qquad s > 0.$$

Durch analytische Fortsetzung erhalten wir

Satz 13.8.

$$\Gamma(2s) = \frac{2^{2s-1}}{\sqrt{\pi}}\Gamma(s)\Gamma\left(s+\frac{1}{2}\right) \qquad s \in \mathbb{C} \setminus -\frac{1}{2}\mathbb{N}_0.$$

§ 14 Der Zusammenhang zwischen der Gamma-Funktion und der zeta-Funktion

Für $\Re(s) > 0$, also umso mehr für $s \in \mathbb{C}_1$, ist $\Gamma(s) = \int_0^\infty u^{s-1}e^{-u}\,du$. Falls $u = nv$ ($n \in \mathbb{N}$), $du = ndv$, so gilt

$$\Gamma(s) = \int\limits_0^\infty n^s v^{s-1}e^{-nv}\,dv$$

$$\frac{\Gamma(s)}{n^s} = \int\limits_0^\infty v^{s-1}e^{-nv}\,dv$$

$$\Gamma(s)\zeta(s) = \sum_{n=1}^\infty \int\limits_0^\infty v^{s-1}e^{-nu}\,dv.$$

Falls wir nachweisen können, dass für $\Re(s) > 1$ Summation und Integration vertauschbar sind, folgt für $\Re(s) > 1$

$$\Gamma(s)\zeta(s) = \int\limits_0^\infty v^{s-1}\sum_{n=1}^\infty e^{-nv}\,dv$$

$$= \int\limits_0^\infty v^{s-1}\left(\sum_{n=1}^\infty (e^{-v})^n\right)\,dv$$

$$= \int\limits_0^\infty \frac{v^{s-1}}{e^v - 1}\,dv.$$

Satz 14.1.

$$\Gamma(s)\zeta(s) = \int\limits_0^\infty \frac{v^{s-1}}{e^v - 1}\, dv \quad (s \in \mathbb{C}_1).$$

Beweis. Zum erforderlichen Nachweis (mittels des Satzes V.2 von LEBESGUE über dominierte Konvergenz) überlegen wir, dass für $0 < v < \infty$, $s = \sigma + i\tau$, $\sigma > 1$

$$\sum_{n=1}^\infty |v^{s-1} e^{-nv}| = \sum_{n=1}^\infty v^{\sigma-1} e^{-nv}$$

$$= v^{\sigma-1} \frac{e^{-v}}{1 - e^{-v}}$$

$$= \frac{v}{e^v - 1} v^{\sigma-2} 1_{]0,1[}(v) + \frac{v^{\sigma-1} e^{-v/2}}{1 - e^{-v}} e^{-v/2} 1_{[1,\infty[}(v).$$

Als Funktion von v ist dieser Ausdruck über $[0, \infty[$ integrierbar, da

$$\lim_{v\to 0} \frac{v}{e^v - 1} = 1$$

$$\lim_{v\to\infty} \frac{v^{\sigma-1} e^{-v/2}}{1 - e^{-v}} = 0$$

und jeder Bruch auf dem entsprechenden Intervall daher beschränkt ist. $\qquad\square$

Die durch Satz 14.1 ausgedrückte Beziehung zwischen Γ und ζ erlaubt eine weitere Einsicht in die Eigenschaften der zeta-Funktion, wenn wir das mitspielende Integral näher betrachten. Zu diesem Zweck untersuchen wir für ein festes $\varepsilon \in]0, 1[$ die Funktion Φ_ε, die in $D_R = \{s = \sigma + i\tau \in \mathbb{C} : |s| < R\}$ (R ist vorläufig eine willkürlich gegebene positive Zahl größer als 1) gegeben ist durch

$$\Phi_\varepsilon(s) = \int\limits_{C_\varepsilon} \frac{v^{s-1}}{e^v - 1}\, dv$$

$$C_\varepsilon = C_{1,\varepsilon} + C_{2,\varepsilon} + C_{3,\varepsilon}$$

$C_{1,\varepsilon}$: $\quad v = r e^{2\pi i}$, $\qquad \infty > r > \varepsilon$, $\quad v^{s-1} = r^{s-1} e^{2\pi i s}$, $\qquad |v^{s-1}| = r^{\sigma-1} e^{-2\pi\tau}$

$\qquad\quad dv = dr$,

$C_{2,\varepsilon}$: $\quad v = \varepsilon e^{i\varphi}$, $\qquad 2\pi \geq \varphi \geq 0$, $\quad v^{s-1} = \varepsilon^{s-1} e^{i(s-1)\varphi}$, $\qquad |v^{s-1}| = \varepsilon^{\sigma-1} e^{-\tau\varphi}$

$\qquad\quad dv = i\varepsilon e^{i\varphi}\, d\varphi$,

$C_{3,\varepsilon}$: $\quad v = r$, $\qquad\quad \varepsilon < r < \infty$, $\quad v^{s-1} = r^{s-1}$, $\qquad\qquad |v^{s-1}| = r^{\sigma-1}$

$\qquad\quad dv = dr$.

Dass der Integrand in $v = 2k\pi i$ ($k \in \mathbb{Z}$) Singularitäten besitzt, spielt für die Integration keine Rolle, da der Integrationsweg diese vermeidet.

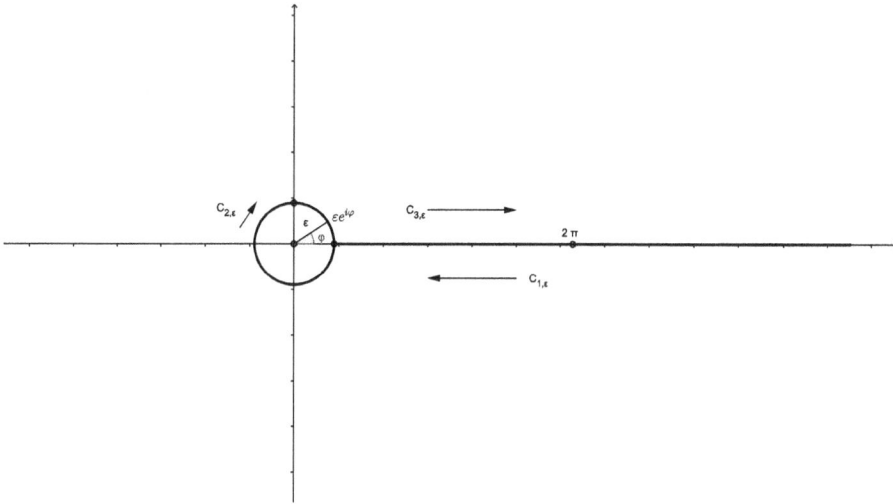

Abb. 14.1: Der Integrationsweg für die Funktion Φ_ε.

Die Holomorphie in s der Integrale über die Teilwege $C_{j,\varepsilon}$ ($1 \leq j \leq 3$) ist durch folgende Überlegungen gesichert: wenn die Funktion $G(s)$ gegeben ist durch das Kurvenintegral

$$G(s) := \int_C g(v, s)\, dv,$$

wobei C eine stetige Kurve in $\mathbb{C}$ ist, die Funktion $g(v, s)$ auf $C \times D_R$ stetig und für jeden Punkt $v \in C$ innerhalb des Gebietes D_R holomorph als Funktion von s ist, sowie wenn auf C die Bedingungen $|g(v, s)| \leq h(v)\ \forall\, s \in D_R$ und

$$\left| \int_C h(v)\, dv \right| < \infty$$

erfüllt sind, dann kann (nach Satz V.3 von FUBINI) für jede geschlossene doppelpunktfreie Kurve $\tilde{C} \subset D_R$ die Integration über $\tilde{C}$ mit der Integration über C vertauscht werden, d. h.

$$\int_{\tilde{C}} \int_C g(v, s)\, dv\, ds = \int_C \int_{\tilde{C}} g(v, s)\, ds\, dv = 0,$$

die Funktion G ist also nach Satz H.5 von MORERA holomorph in $s \in D_R$.

Auf $C_{1,\varepsilon}$ und $C_{3,\varepsilon}$ gilt für eine geeignete positive Konstante $c_{\varepsilon,R}$ die Abschätzung $|\frac{v^{s-1}}{e^v-1}| \leq \frac{r^{R-1}e^{2\pi R}}{e^r-1} \leq c_{\varepsilon,R}\, e^{-r/2}$. Auf $C_{2,\varepsilon}$ ist $|\frac{v^{s-1}}{e^v-1}|$ für $0 \leq \varphi \leq 2\pi$ als Funktion von v stetig und daher beschränkt.

Da jede Majorantenfunktion über den entsprechenden Teilweg integrierbar ist, ist die Holomorphie der Funktion

$$\Phi_\varepsilon(s) = \int_{C_\varepsilon} \frac{v^{s-1}}{e^v - 1}\, dv$$

in der Kreisscheibe D_R nachgewiesen. Außerdem ist diese Funktion für beliebiges $R > 1$ ohne Singularitäten, also eine ganze Funktion, die auch nicht von $\varepsilon \in]0, 1[$ abhängt, da zwischen zwei Kreisen mit dem Mittelpunkt 0 und den Radien $0 < \varepsilon' < \varepsilon$ keine Singularität des Integranden liegt. Wir können uns terminologisch also von ε befreien und erhalten

Satz 14.2. *Die Funktion*

$$\Phi(s) := \lim_{\varepsilon \to 0} \int_{C_\varepsilon} \frac{v^{s-1}}{e^v - 1}\, dv$$

ist eine ganze Funktion.

Wenn wir die Funktion Φ_ε genauer anschauen, finden wir

$$\Phi_\varepsilon(s) = (1 - e^{2\pi i s}) \int_\varepsilon^\infty \frac{r^{s-1}}{e^r - 1}\, dr - i\varepsilon \int_0^{2\pi} \frac{\varepsilon^{s-1} e^{i\varphi(s-1)}}{e^{\varepsilon e^{i\varphi}} - 1}\, d\varphi.$$

Der zweite Term rechts vom Gleichheitszeichen (das Integral über den Kreis $C_{2,\varepsilon}$, in dem wir zur Vereinfachung der Schreibweise $e^{i\varphi} = \eta$ setzen,) lässt sich folgendermaßen abschätzen:

$$|e^v - 1| = |e^{\varepsilon\eta} - 1| \qquad (v = \varepsilon\eta \in C_{2,\varepsilon})$$

$$= \left| \sum_{k=1}^\infty \frac{(\varepsilon\eta)^k}{k!} \right|$$

$$= \varepsilon \left| \sum_{k=1}^\infty \frac{(\varepsilon\eta)^{k-1}}{k!} \right|$$

$$\geq \varepsilon \left| 1 - \left| \sum_{k=2}^\infty \frac{(\varepsilon\eta)^{k-1}}{k!} \right| \right|$$

$$\left| \sum_{k=2}^\infty \frac{(\varepsilon\eta)^{k-1}}{k!} \right| \leq \sum_{k=2}^\infty \frac{\varepsilon^{k-1}}{k!}$$

$$< \sum_{k=2}^\infty \frac{1}{k!}$$

$$= e - 2 < 1$$

$$|e^v - 1| \geq \varepsilon |3 - e| > \frac{\varepsilon}{5}$$

$$\left| \frac{v^{s-1}}{e^v - 1} \right| = \left| \frac{\varepsilon^{s-1} \eta^{s-1}}{e^{\varepsilon\eta} - 1} \right| \qquad (s = \sigma + i\tau)$$

$$< \frac{\varepsilon^{\sigma-1} e^{-\tau\varphi}}{\varepsilon / 5}$$

$$\leq 5 e^{R\varphi} \varepsilon^{\sigma-2}.$$

Wir erhalten also

$$\left| i\varepsilon \int_0^{2\pi} \frac{\varepsilon^{s-1} e^{i\varphi(s-1)}}{e^{\varepsilon\eta} - 1}\, d\varphi \right| < \int_0^{2\pi} 5\varepsilon^{\sigma-1} e^{R\varphi}\, d\varphi.$$

Für $\sigma = \Re(s) > 1$ und $\varepsilon \to 0$ führt das nach Satz 14.1 und 14.2 zu

$$\Phi(s) = (1 - e^{2\pi i s}) \int_0^\infty \frac{r^{s-1}}{e^r - 1}\, dr$$

$$= (1 - e^{2\pi i s})\Gamma(s)\zeta(s).$$

Satz 14.3.

$$\Phi(s) = (1 - e^{2\pi i s})\Gamma(s)\zeta(s) \qquad (s \in \mathbb{C}_1).$$

Die Gleichung

$$\zeta(s) = \frac{\Phi(s)}{(1 - e^{2\pi i s})\Gamma(s)}$$

ist also jedenfalls für $\sigma > 1$ und $s \notin \mathbb{Z}$ erfüllt. Da Nenner und Zähler aber auf ganz $\mathbb{C}$ definiert und mit Ausnahme von diskret liegenden Singularitäten holomorph sind und die Nullstellen von $1 - e^{2\pi s}$ ebenfalls diskret liegen, lässt sich durch sie die zeta-Funktion auf ganz $\mathbb{C}$ zu einer meromorphen Funktion analytisch fortsetzen. Dabei ist noch zu klären, ob und wo die analytisch fortgesetzte zeta-Funktion Singularitäten besitzt. Obwohl der Nenner in den ganzen Zahlen $s = k \in \mathbb{Z}$ verschwindet, ist $\frac{\Phi(s)}{e^{2\pi i s}-1}$ für $s = k \in \mathbb{N} \setminus \{1\}$ ohne Singularität, da dies auf $\Gamma(k)$ und $\zeta(k)$ zutrifft. In $s = 1$ gilt wegen der Holomorphie von Φ

$$\Phi(1) = \lim_{s \searrow 1} -\frac{(e^{2\pi i s} - 1)}{s - 1}\Gamma(s)(s - 1)\zeta(s)$$

$$= -2\pi i \Gamma(1) = -2\pi i,$$

also ist die Formel in Satz 14.3 auch noch sinnvoll, wenn $(1 - e^{2\pi i s})\zeta(s)$ für $s = 1$ (formal steht dann da ‚$0 \cdot \infty$‘) durch $-2\pi i$ ersetzt wird. Das Verhalten von $\zeta(s)$ in den Punkten $s = -k \in -\mathbb{N}_0$ ergibt sich aus

$$\lim_{s \to -k} \zeta(s) = \lim_{s \to -k} \frac{s + k}{1 - e^{2\pi i(s+k)}} \cdot \frac{\Phi(s)}{(s + k)\Gamma(s)}$$

$$= \lim_{s \to 0} \frac{s}{1 - e^{2\pi i s}} \cdot \lim_{s \to -k} \frac{\Phi(s)}{(s + k)\Gamma(s)}$$

$$= -\frac{1}{2\pi i} \cdot \frac{\Phi(-k)}{(-1)^k / k!}$$

$$= (-1)^{k+1} \frac{k!\Phi(-k)}{2\pi i} \in \mathbb{C}.$$

Dass die zeta-Funktion im Punkt 1 der komplexen Zahlenebene einen Pol 1. Ordnung mit dem Residuum 1 hat, haben wir bereits in Satz 8.2 festgestellt. Damit ergibt sich die Gültigkeit der Formel in Satz 14.3 für alle $s \in \mathbb{C} \setminus \{1\}$ und

Satz 14.4. *Die zeta-Funktion ζ ist analytisch fortsetzbar zu einer auf $\mathbb{C}$ meromorphen Funktion, die als einzige Singularität in $s = 1$ einen Pol 1. Ordnung mit dem Residuum 1 besitzt.*

§ 15 Die Funktionalgleichung der zeta-Funktion

Wir modifizieren die in § 14 eingeführte Funktion Φ_ε ($\varepsilon \in \,]0, 1[$) und die Berechnung der Funktion $\Phi = \lim_{\varepsilon \to 0} \Phi_\varepsilon$ in folgender Weise:

$$\Phi_{\varepsilon,k}(s) = \int_{C_{\varepsilon,k}} \frac{v^{s-1}}{e^v - 1} \, dv, \quad k \in \mathbb{N},$$

$$C_{\varepsilon,k} = C_{1,\varepsilon,k} + C_{2,\varepsilon} + C_{3,\varepsilon,k} + C_{4,k}$$

$C_{1,\varepsilon,k} : \ v = re^{2i\pi}, \qquad\qquad (2k+1)\pi > r > \varepsilon, \quad v^{s-1} = r^{s-1} e^{2i\pi s}$

$\qquad\qquad dv = dr,$

$C_{2,\varepsilon} : \ v = \varepsilon e^{i\varphi}, \qquad\qquad 2\pi \geq \varphi \geq 0, \qquad v^{s-1} = \varepsilon^{s-1} e^{i(s-1)\varphi}$

$\qquad\quad dv = i\varepsilon e^{i\varphi} \, d\varphi,$

$C_{3,\varepsilon,k} : \ v = r, \qquad\qquad\quad \varepsilon < r < (2k+1)\pi, \quad v^{s-1} = r^{s-1}$

$\qquad\qquad dv = dr,$

$C_{4,k} : \ v = (2k+1)\pi e^{i\varphi}, \quad 0 \leq \varphi \leq 2\pi, \qquad v^{s-1} = [(2k+1)\pi]^{s-1} e^{i(s-1)\varphi}$

$\qquad\qquad dv = i(2k+1)\pi e^{i\varphi} \, d\varphi.$

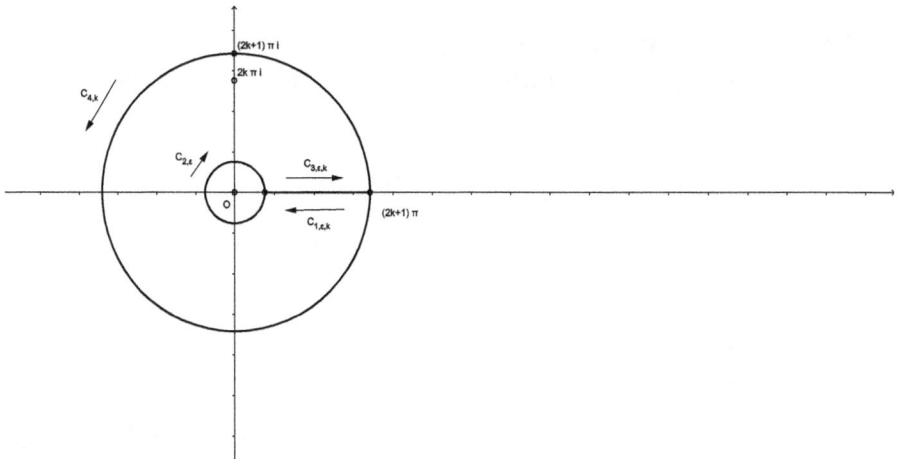

Abb. 15.1: Der Integrationsweg für die Funktion $\Phi_{\varepsilon,k}$.

Offenbar ist $\Phi_{\varepsilon,k}$ gar nicht von ε abhängig, solange dieses positiv ist. Wir können deshalb schreiben $\Phi_k = \lim_{\varepsilon \to 0} \Phi_{\varepsilon,k}$. Nach dem Residuensatz K.1 haben wir

$$\Phi_{\varepsilon,k}(s) = 2\pi i \sum_{|n|=1}^{k} Res\left(\frac{v^{s-1}}{e^v - 1}, 2n\pi i\right)$$

$$Res\left(\frac{v^{s-1}}{e^v - 1}, 2n\pi i\right) = \lim_{v \to 2n\pi i} \frac{v - 2n\pi i}{e^{v-2in\pi} - 1} v^{s-1}$$

$$= 1 \cdot (2n\pi i)^{s-1} \qquad\qquad (i = e^{i\pi/2})$$

$$\Phi_k(s) = \Phi_{\varepsilon,k}(s) = 2\pi e^{i\pi/2}(2\pi e^{i\pi/2})^{s-1} \sum_{n=1}^{k} n^{s-1}(1 + e^{i\pi(s-1)}) \qquad (-1 = e^{i\pi})$$

$$= (2\pi)^s e^{i\pi s/2}(1 - e^{i\pi s}) \sum_{n=1}^{k} n^{s-1}.$$

Für $\mathbb{R}(s) = \sigma < 0$ ist $\mathbb{R}(1 - s) > 1$ und deshalb

$$\lim_{k \to \infty} \Phi_k(s) = (2\pi)^s e^{i\pi s/2}(1 - e^{i\pi s})\zeta(1 - s). \tag{15.1}$$

Die Funktion rechts vom Gleichheitszeichen ist, wie wir wissen, analytisch zu einer auf $\mathbb{C}$ meromorphen Funktion fortsetzbar. Allerdings spielt hier links vom Gleichheitszeichen noch der Limes des Integrals über den Kreis $C_{4,k}$ mit.

Wir überzeugen uns deshalb nun davon, dass $\lim_{k \to \infty} \int_{C_{4,k}} \frac{v^{s-1}}{e^v-1} = 0$, woraus folgt, dass die in § 14, Satz 14.2 definierte Funktion

$$\Phi(s) = \lim_{k \to \infty} \int_{C_{1,\varepsilon,k}+C_{2,\varepsilon}+C_{3,\varepsilon,k}} \frac{v^{s-1}}{e^v - 1}\, dv$$

durch die rechte Seite der Gleichung (15.1) gegeben ist. Dabei ist hilfreich, dass die Funktion $\frac{1}{e^v-1}$ in v periodisch mit der Periode $2\pi i$ ist. Die Eigenschaften dieser Funktion lassen sich also bereits im horizontalen Streifen $\{v = u + iw \in \mathbb{C} : |w| \le \pi\}$ vollständig beschreiben.

Da das Argument $v = u + iw$ in diesem horizontalen Streifen nur im Punkt $v = 0$ ein Vielfaches von $2i\pi$ als Wert annimmt, ist $\lim_{u \to -\infty} \frac{1}{|e^v-1|} = 1$ und $\lim_{u \to \infty} \frac{1}{|e^v-1|} = 0$; die Funktion $\frac{1}{|e^v-1|}$ ist daher für $|v| \ge \pi$ beschränkt durch eine Konstante K. Wir wählen $S \in \mathbb{R}$, $S > \pi$, setzen $(2k + 1)\pi = R_k$ (der Radius des Kreises $C_{4,k}$), sowie $s = \sigma + i\tau \in \mathbb{C}$, und erhalten für $|s| < S$, $\sigma < 0$

$$\left| \int_{C_{4,k}} \frac{v^{s-1}}{e^v - 1}\, dv \right| = \left| \int_{\varphi=0}^{2\pi} \frac{(R_k e^{i\varphi})^{s-1}}{e^{R_k e^{i\varphi}} - 1} i R_k e^{i\varphi}\, d\varphi \right|$$

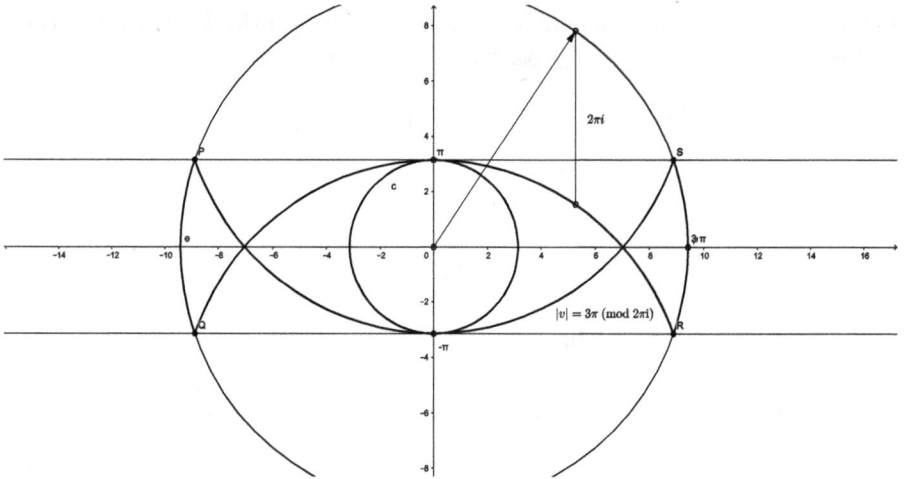

Abb. 15.2: Der Streifen $\{u = u + iw \in \mathbb{C} : -\pi \leq w \leq \pi\}$.

$$\leq \int_0^{2\pi} \frac{R_k^\sigma e^{-\tau\varphi}}{|e^{R_k e^{i\varphi}} - 1|} \, d\varphi$$

$$\leq R_k^\sigma \int_0^{2\pi} e^{S\varphi} \frac{1}{|e^{R_k e^{i\varphi}} - 1|} \, d\varphi$$

$$\leq R_k^\sigma K \int_0^{2\pi} e^{S\varphi} \, d\varphi.$$

Der letzte Ausdruck geht wegen $\sigma < 0$ für $k \to \infty$ gegen 0.

Wegen der Beliebigkeit von $S > \pi$ erhalten wir zunächst für $\sigma < 0$, dann durch analytische Fortsetzung für alle $s \in \mathbb{C} \setminus \{0\}$ nach (15.1)

$$\Phi(s) = (2\pi)^s e^{i\pi s/2} (1 - e^{i\pi s}) \zeta(1 - s).$$

Aus § 14 ist uns bekannt, dass für $s \in \mathbb{C} \setminus (-\mathbb{N}_0 \cup \{1\})$ (und deshalb auch für die Grenzwerte für $s \to s_0 \in (-\mathbb{N}_0 \cup \{1\})$)

$$\Phi(s) = (1 - e^{2i\pi s}) \Gamma(s) \zeta(s). \qquad \text{(Satz 14.3, Satz 14.4)}$$

Damit bekommen wir die für $s \in \mathbb{C} \setminus (-\mathbb{N}_0 \cup \{1\})$ gültigen Gleichungen

$$(2\pi)^s e^{i\pi s/2} (1 - e^{i\pi s}) \zeta(1 - s) = (1 - e^{2i\pi s}) \Gamma(s) \zeta(s)$$

$$(2\pi)^s \zeta(1 - s) = e^{-i\pi \frac{s}{2}} (1 + e^{i\pi s}) \Gamma(s) \zeta(s). \qquad (15.2)$$

Wir berücksichtigen jetzt

$$e^{-i\pi s/2}(1 + e^{i\pi s}) = 2\cos\left(\frac{\pi s}{2}\right) = 2\sin\left(\frac{\pi}{2} - \frac{\pi s}{2}\right) = 2\sin\left(\pi\frac{1-s}{2}\right)$$

$$\Gamma(s) = \frac{2^{s-1}}{\sqrt{\pi}}\Gamma\left(\frac{s}{2}\right)\Gamma\left(\frac{s+1}{2}\right) \qquad \text{(Satz 13.8)}$$

$$\sin\left(\pi\frac{1-s}{2}\right) = \frac{\pi}{\Gamma(\frac{1-s}{2})\Gamma(1 - \frac{1-s}{2})} \qquad \text{(Satz 13.6 (b))}$$

und erhalten aus (15.2)

$$\pi^s \zeta(1-s) = \frac{2}{2^s} \cdot \frac{\pi}{\Gamma(\frac{1-s}{2})\Gamma(\frac{1+s}{2})} \cdot \frac{2^{s-1}}{\sqrt{\pi}}\Gamma\left(\frac{s}{2}\right)\Gamma\left(\frac{s+1}{2}\right)\zeta(s)$$

$$\pi^{s-1/2}\zeta(1-s)\Gamma\left(\frac{1-s}{2}\right) = \Gamma\left(\frac{s}{2}\right)\zeta(s)$$

$$\pi^{(s-1)/2}\zeta(1-s)\Gamma\left(\frac{1-s}{2}\right) = \pi^{-s/2}\Gamma\left(\frac{s}{2}\right)\zeta(s).$$

Die letzte Gleichung, die die Werte der zeta-Funktion in den symmetrisch zum Punkt $\frac{1}{2} \in \mathbb{C}$ gelegenen Punkten s und $1 - s$ verknüpft, bezeichnet man als *Funktionalgleichung der zeta-Funktion*.

Satz 15.1.

$$\pi^{\frac{s-1}{2}}\zeta(1-s)\Gamma\left(\frac{1-s}{2}\right) = \pi^{-\frac{s}{2}}\Gamma\left(\frac{s}{2}\right)\zeta(s) \qquad (s \in \mathbb{C}\setminus(-2\mathbb{N}_0 \cup (1 + 2\mathbb{N}_0))).$$

Mit Hilfe der Funktionalgleichung der zeta-Funktion lässt sich der Wert $\zeta(0)$ der analytisch fortgesetzten zeta-Funktion folgendermaßen berechnen:

$$\zeta(0) = \lim_{s \to 1} \zeta(1-s)$$

$$= \lim_{s \to 1} \pi^{1/2-s}\frac{\Gamma(\frac{s}{2})\zeta(s)}{\Gamma(\frac{1-s}{2})}$$

$$= \frac{1}{\sqrt{\pi}} \lim_{s \to 1} \frac{(s-1)\zeta(s)\Gamma(\frac{s}{2})}{2^{\frac{s-1}{2}}\Gamma(\frac{1-s}{2})}$$

$$= \frac{1}{2\sqrt{\pi}} \frac{\sqrt{\pi}}{-\Gamma(\frac{3-1}{2})}$$

$$= -\frac{1}{2}.$$

§ 16 Die Nullstellen der zeta-Funktion

Die Funktionalgleichung der zeta-Funktion

$$\pi^{\frac{s-1}{2}}\Gamma\left(\frac{1-s}{2}\right)\zeta(1-s) = \pi^{-\frac{s}{2}}\Gamma\left(\frac{s}{2}\right)\zeta(s)$$

liefert auch Informationen über die Nullstellen der zeta-Funktion: Wir wissen bereits, dass die analytisch auf ganz $\mathbb{C}$ fortgesetzte zeta-Funktion eine dort meromorphe Funktion ist, die als einzige Singularität in $s = 1$ einen Pol 1. Ordnung hat (Satz 14.4) und in der abgeschlossenen Halbebene $\overline{\mathbb{C}_1}$ keine Nullstellen besitzt (Satz 8.1, Satz 8.5). Da die Gamma-Funktion in $\mathbb{C}$ keine Nullstellen aufweist (Satz 13.5), ist in der Halbebene $\overline{\mathbb{C}_1} \setminus \{1\}$ das Produkt $\Gamma(\frac{s}{2})\zeta(s)$ jedenfalls eine von 0 verschiedene komplexe Zahl. Für $\sigma \leq 0$ ist $1 - s \in \overline{\mathbb{C}_1}$, also trifft das dann auch für das Produkt $\Gamma(\frac{1-s}{2})\zeta(1 - s)$ zu $(s \neq 0)$.

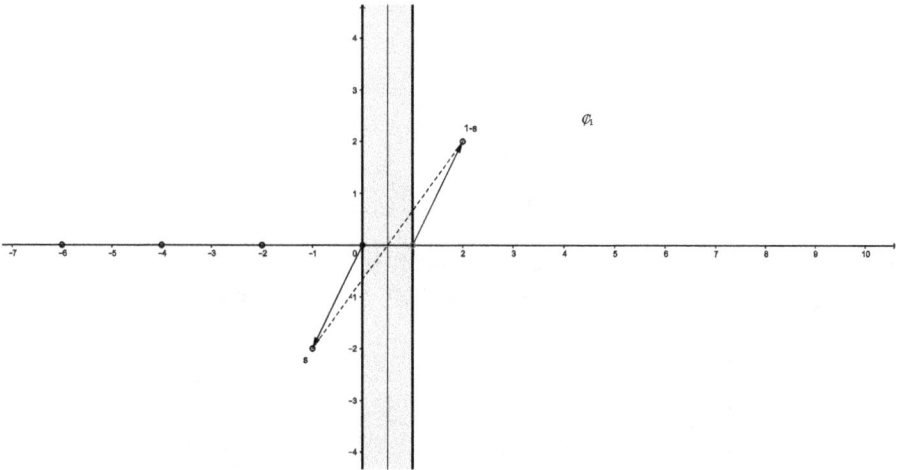

Abb. 16.1: Der kritische Streifen.

Wäre $\zeta(-2n) \neq 0$ $(n \in \mathbb{N})$, so müsste wegen des Poles der Gamma-Funktion in $-n$ auch $\infty = \lim_{s \to -2n} |\Gamma(\frac{s}{2})\zeta(s)| = \lim_{s \to -2n} |\Gamma(\frac{1-s}{2})\zeta(1 - s)| = \Gamma(\frac{2n+1}{2})\zeta(2n + 1)$ gelten, also müsste das Produkt $\Gamma(\frac{s}{2})\zeta(s)$ in $s = 2n + 1$ eine Singularität haben, was nicht der Fall ist. Es folgt, dass die Funktion ζ in $s = -2n$ $(n \in \mathbb{N})$ Nullstellen (die als *trivial* bezeichnet werden) besitzt. Dieser Schluss zeigt gleichzeitig, dass außerhalb dieser Punkte für $\mathbb{R}(s) \leq 0$ der Funktionswert $\zeta(s) \neq 0$ sein muss, da sonst $\Gamma(\frac{1-s}{2})\zeta(1 - s) = 0$ wäre.

Satz 16.1. *Die auf $\mathbb{C}$ analytisch fortgesetzte zeta-Funktion besitzt außerhalb des sogenannten kritischen Streifens $\mathcal{K} = \{s \in \mathbb{C} : \mathbb{R}(s) \in]0, 1[\}$ nur die trivialen Nullstellen $s = -2n$ $(n \in \mathbb{N})$.*

Es ist überraschend, dass alle bisher aufgefundenen nichttrivialen Nullstellen der zeta-Funktion den Realteil $\frac{1}{2}$ haben, also auf der Mittellinie des kritischen Streifens liegen, weil man doch vermuten möchte, dass es dafür einen mathematische Grund geben muss. Tatsächlich ist das die

RIEMANNsche Vermutung. *Die nichttrivialen Nullstellen der zeta-Funktion haben alle den Realteil $\frac{1}{2}$.*

Diese Vermutung ist bis heute (2017) weder widerlegt noch bewiesen. Die ersten drei nicht trivialen Nullstellen in $\mathcal{K}$ mit positivem Imaginärteil sind

$$\rho_1 = \frac{1}{2} + i \cdot 14{,}134725\cdots$$

$$\rho_2 = \frac{1}{2} + i \cdot 21{,}022040\cdots$$

$$\rho_3 = \frac{1}{2} + i \cdot 25{,}010858\cdots .$$

Ohne Beweis sei angemerkt, dass die Nullstellen-Menge $\mathcal{R} = \{\rho \in \mathcal{K} : \zeta(\rho) = 0\}$ unendlich ist. Einen ausführlichen Bericht über die bis 2004 erzielten Informationen hinsichtlich der die nichttrivialen Nullstellen der zeta-Funktion gibt RIBENBOIM in seinem Buch ‚*Die Welt der Primzahlen*‘. Er berichtet (S. 185), dass im Jahr 2004 X. GOURDON und P. DANICHEL mit dem Computer die ersten zehn Billionen der nichttrivialen Nullstellen der zeta-Funktion berechnet haben; alle haben den Realteil $\frac{1}{2}$. Die zugehörigen positiven Imaginärteile erstrecken sich bis $2{,}446 \times 10^{12}$.

Ebenfalls ohne Beweise seien noch die folgenden Informationen ([STOPPLE] *A Primer of Analytic Number Theory*, 10.2–10.4, S. 232–248) angeführt:

Die Nullstellen der ζ-Funktion erlauben eine exakte Berechnung der modifizierten Funktionen $\tilde{\psi}$ und $\tilde{\pi}$, die in den Sprungstellen den Mittelwert zwischen linksseitigem und rechtsseitigem Limes haben:

Definition. $\tilde{\psi}(x) := \frac{1}{2}(\lim_{0<t\to x} \psi(t) + \psi(x))$

Definition. $\tilde{\pi}(x) := \frac{1}{2}(\lim_{0<t\to x} \pi(t) + \pi(x))$

In die entsprechenden Formeln geht die Funktion des *Integrallogarithmus* ein:

Satz ([RIBENBOIM] (*Die Welt der Primzahlen*, S. 187).

$$\pi(x) = Li(x) + O\left(\frac{x}{e^{C \cdot (\log x)^\alpha}}\right) \qquad \left(\alpha < \frac{4}{7},\ 0 < C\right) \quad \text{für } x \to \infty.$$

Die RIEMANNsche Vermutung ist äquivalent mit dem Zutreffen der Formel

$$\pi(x) = Li(x) + O\left(x^{1/2} \log x\right) \quad \text{für } x \to \infty.$$

Satz (‚Explizite Formel von VON MANGOLDT‘).

$$\tilde{\psi}(x) = x - \log(2\pi) - \sum_{\rho \in \mathcal{R}} \frac{x^\rho}{\rho} + \sum_{n=1}^{\infty} \frac{x^{-2n}}{2n} \qquad \left(\sum_{n=1}^{\infty} \frac{x^{-2n}}{2n} = -\frac{1}{2}\log\left(1 - \frac{1}{x^2}\right)\right).$$

Definition. $\Pi(x) := \sum_{k=1}^{\infty} \frac{\tilde{\pi}(x^{1/k})}{k}$.

Satz (‚Explizite Formel von RIEMANN‘).

$$\Pi(x) = Li(x) - \log 2 - \sum_{\rho \in \mathcal{R}} Li(x^\rho) - \sum_{n=1}^{\infty} Li(x^{-2n}) \qquad \left(-\sum_{n=1}^{\infty} Li(x^{-2n}) = \int_x^{\infty} \frac{dt}{t(t^2 - 1)\log t}\right).$$

Definition (*MÖBIUS-Funktion*).

$$\mu\left(\prod_{k=1}^{m} p_k^{\alpha_k}\right) = \begin{cases} (-1)^m & \text{falls } n = \prod_{k=1}^{m} p_k^{\alpha_k} \text{ quadratfrei ist, d. h.} \alpha_k = 1 \ (1 \le k \le m), \\ 0 & \text{sonst.} \end{cases}$$

Satz.

$$\tilde{\pi}(x) = \sum_{n=1}^{\infty} \frac{\mu(n)}{n} \Pi(x^{1/n}).$$

§ 17 BERNOULLI-Zahlen und die zeta-Funktion

Bekannt sind uns bereits die Werte $\zeta(0) = -\frac{1}{2}$ (§ 15) und aus der Analysis $\zeta(2) = \sum_{n=1}^{\infty} \frac{1}{n^2} = \frac{\pi^2}{6}$. Überraschenderweise lassen sich die Werte $\zeta(2n)$ ($n \in \mathbb{N}$), nicht aber die Werte $\zeta(2n + 1)$, durch bekannte Funktionen ausdrücken. Um die entsprechenden Funktionen zu definieren, untersuchen wir die Potenzreihenentwicklung der auf $D = \{z \in \mathbb{C} : |z| < 2\pi\}$ definierten Funktion f, deren Werte gegeben sind durch

$$f(z) = \begin{cases} \frac{z}{e^z - 1}, & z \ne 0 \\ 1 & z = 0. \end{cases}$$

Die Funktion f hat in den Punkten $z = 2\pi i k$ ($k \in \mathbb{Z} \setminus \{0\}$) zwar Pole 1. Ordnung, ist aber im Punkt 0 nicht nur stetig, sondern sogar differenzierbar, da nach der Regel von DE L'HÔPITAL

$$\lim_{z \to 0} \frac{z}{e^z - 1} = 1$$

$$\frac{1 - \frac{z}{e^z - 1}}{0 - z} = \frac{e^z - 1 - z}{z(1 - e^z)} \xrightarrow{z \to 0} \lim_{z \to 0} \frac{e^z - 1}{1 - e^z - ze^z} = \lim_{z \to 0} \frac{e^z}{-2e^z - ze^z} = -\frac{1}{2}.$$

Sie besitzt um den Punkt 0 also eine Potenzreihenentwicklung der Form

$$f(z) = \sum_{k=0}^{\infty} \frac{B_k}{k!} z^k.$$

Definition 17.a. Die k-te *BERNOULLI-Zahl* ist $B_k = f^{(k)}(0)$.

Aus der Definition von B_k erhalten wir für $z \ne 0$ wegen

$$z = \left(z + \frac{z^2}{2!} + \frac{z^3}{3!} + \cdots\right)\left(B_0 + B_1 \frac{z}{1!} + B_2 \frac{z^2}{2!} + \cdots\right)$$

$$= \sum_{n=1}^{\infty} \sum_{k=0}^{n-1} \frac{B_k}{k!(n-k)!} z^n$$

$$= \sum_{n=1}^{\infty} \frac{1}{n!} \left(\sum_{k=0}^{n-1} \binom{n}{k} B_k\right) z^n$$

die Rekursionsformel

Satz 17.1.

$$\sum_{k=0}^{n-1} \binom{n}{k} B_k = \begin{cases} 1 & n = 1, \\ 0 & n > 1. \end{cases}$$

Ihr können wir entnehmen

$$B_0 = 1$$
$$B_1 = -\frac{1}{2}$$
$$B_2 = \frac{1}{6}$$
$$\cdots$$

Hilfreich zur Berechnung der Bernoulli-Zahlen ist auch

Satz 17.2.

$$B_{2k+1} = 0 \qquad \forall k \in \mathbb{N}.$$

Beweis. Aus $B_0 = 1$ und $B_1 = -\frac{1}{2}$ ergibt sich für $z \neq 0$

$$\sum_{k=2}^{\infty} \frac{B_k}{k!} z^k = \frac{z}{e^z - 1} - B_1 z - 1$$

$$= \frac{z}{e^z - 1} + \frac{z}{2} - 1$$

$$= \frac{2z + z(e^z - 1)}{2(e^z - 1)} - 1$$

$$= \frac{z}{2} \cdot \frac{e^z + 1}{e^z - 1} - 1$$

$$= \frac{z}{2} \cdot \frac{e^{z/2} + e^{-z/2}}{e^{z/2} - e^{-z/2}} - 1.$$

Dies ist eine gerade Funktion von z, in deren Potenzreihenentwicklung alle ungeraden Potenzen von z verschwinden. $\qquad\square$

Wenn wir im letzten und ersten Term der letzten Gleichungskette die Variable z ersetzen durch $-2iz$ und Satz 17.2 berücksichtigen, so ergibt dies

$$-iz \cdot \frac{e^{-iz} + e^{iz}}{e^{-iz} - e^{iz}} = 1 + \sum_{k=1}^{\infty} 2^{2k} i^{2k} \frac{B_{2k}}{(2k)!} z^{2k}$$

$$z \frac{\cos z}{\sin z} = 1 + \sum_{k=1}^{\infty} (-1)^k \frac{4^k}{(2k)!} B_{2k} z^{2k}.$$

Satz 17.3.

$$z \cot z = 1 + \sum_{k=1}^{\infty} (-1)^k \frac{4^k}{(2k)!} B_{2k} z^{2k}.$$

Wir verwenden dies zum Beweis eine Resultates, das auf EULER zurückgeht:

Satz 17.4.

$$\zeta(2n) = (-1)^{n+1}\frac{(2\pi)^{2n}}{2(2n)!}B_{2n} \qquad (n \in \mathbb{N}).$$

Für $n = 0$ bzw. $n = 1$ liefert das die uns bereits bekannten Werte $\zeta(0) = -\frac{1}{2}B_0 = -\frac{1}{2}$ bzw. $\zeta(2) = \frac{(2\pi)^2}{2\cdot 2}B_2 = \frac{\pi^2}{6}$.

Der Beweis besteht aus zwei Teilen, in denen für $|z| < \pi$ gezeigt wird:

$$z\cot z = 1 + \sum_{n=1}^{\infty}(-1)^n\frac{4^n}{(2n)!}B_{2n}z^{2n} \tag{a}$$

$$= 1 - 2\sum_{n=1}^{\infty}\zeta(2n)\frac{z^{2n}}{\pi^{2n}}. \tag{b}$$

Ein Koeffizientenvergleich liefert dann die Behauptung.

(a) ist bereits durch Satz 17.3 gesichert. Dem Beweis von (b) schicken wir einige Hilfssätze voraus.

Satz 17.5 (Hilfssatz).

$$\cot z = \frac{1}{2^n}\sum_{k=0}^{2^n-1}\cot\frac{z+k\pi}{2^n} \quad (n \in \mathbb{N}_0).$$

Beweis. Der Beweis wird mittels vollständiger Induktion nach n geführt. Für $n = 0$ ist die Behauptung klar. Für $n > 0$ argumentieren wir

$$\cot z + \cot\left(z + \frac{\pi}{2}\right) = \cot z - \tan z$$
$$= \frac{\cos z}{\sin z} - \frac{\sin z}{\cos z}$$
$$= 2\frac{\cos^2 z - \sin^2 z}{2\sin z\cos z} = 2\frac{\cos 2z}{\sin 2z}$$
$$= 2\cot 2z$$
$$\cot z = \frac{1}{2}\left(\cot\frac{z}{2} + \cot\frac{z+\pi}{2}\right)$$
$$\cot\frac{z+k\pi}{2^n} = \frac{1}{2}\left(\cot\frac{z+k\pi}{2^{n+1}} + \cot\frac{z+(k+2^n)\pi}{2^{n+1}}\right).$$

Aus der im Hilfssatz 17.5 angeführten Formel als Induktionsvoraussetzung folgt durch Anwendung der letzten Gleichung

$$\cot z = \frac{1}{2^{n+1}}\sum_{k=0}^{2^n-1}\left(\cot\frac{z+k\pi}{2^{n+1}} + \cot\frac{z+(k+2^n)\pi}{2^{n+1}}\right)$$

$$= \frac{1}{2^{n+1}}\sum_{k=0}^{2^{n+1}-1}\cot\frac{z+k\pi}{2^{n+1}}. \qquad \square$$

Satz 17.6 (Hilfssatz).

$$\cot(z + a) + \cot(z - a) = \frac{\sin 2z}{\sin(z + a)\sin(z - a)}.$$

Beweis.

$$\cot(z + a) + \cot(z - a) = \frac{\cos(z + a)}{\sin(z + a)} + \frac{\cos(z - a)}{\sin(z - a)}$$

$$= \frac{\cos(z + a)\sin(z - a) + \cos(z - a)\sin(z + a)}{\sin(z + a)\sin(z - a)}$$

$$= \frac{\sin 2z}{\sin(z + a)\sin(z - a)}. \qquad \square$$

Im folgenden Hilfssatz nutzen wir aus, dass $\cot(z + \frac{\pi}{2}) = -\tan z$ und dass $\cot z$ die Periode π hat.

Satz 17.7 (Hilfssatz).

$$z \cot z = 1 - 2 \sum_{k=1}^{\infty} \frac{z^2}{k^2\pi^2 - z^2}.$$

Beweis. Wir zerlegen die in Hilfssatz 17.5 auftretende Summe in folgender Weise:

$$\cot z = \frac{1}{2^n}\left\{ \cot\frac{z}{2^n} + \sum_{k=1}^{2^{n-1}-1} \cot\frac{z + k\pi}{2^n} + \cot\left(\frac{z}{2^n} + \frac{\pi}{2}\right) + \sum_{k=2^{n-1}+1}^{2^n-1} \cot\frac{z + k\pi}{2^n} \right\}$$

$$= \frac{1}{2^n}\left\{ \cot\frac{z}{2^n} - \tan\frac{z}{2^n} + \sum_{k=1}^{2^{n-1}-1}\left[\cot\frac{z + k\pi}{2^n} + \cot\frac{z + (2^n - k)\pi}{2^n} \right] \right\}$$

$$= \frac{1}{2^n}\left\{ \cot\frac{z}{2^n} - \tan\frac{z}{2^n} + \sum_{k=1}^{2^{n-1}-1}\left[\cot\frac{z + k\pi}{2^n} + \cot\frac{z - k\pi}{2^n} \right] \right\}$$

$$z \cot z = \frac{z}{2^n}\cot\frac{z}{2^n} - \frac{z}{2^n}\tan\frac{z}{2^n} + \frac{z}{2^n}\sum_{k=1}^{2^{n-1}-1} \frac{\sin\frac{2z}{2^n}}{\sin\frac{z+k\pi}{2^n}\sin\frac{z-k\pi}{2^n}} \qquad \text{(Hilfssatz 17.6 , } a = k\frac{\pi}{2^n}\text{)}$$

und berücksichtigen

$$\lim_{n\to\infty} \frac{z}{2^n}\cot\frac{z}{2^n} = \lim_{n\to\infty} \frac{z}{2^n}\frac{\cos\frac{z}{2^n}}{\sin\frac{z}{2^n}} = 1,$$

$$\lim_{n\to\infty} \frac{z}{2^n}\tan\frac{z}{2^n} = \lim_{n\to\infty} \frac{z}{2^n}\frac{\sin\frac{z}{2^n}}{\cos\frac{z}{2^n}} = 0,$$

$$\lim_{n\to\infty} \frac{\frac{z+k\pi}{2^n}}{\sin\frac{z+k\pi}{2^n}} = 1,$$

$$\lim_{n \to \infty} \frac{\frac{z - k\pi}{2^n}}{\sin \frac{z - k\pi}{2^n}} = 1,$$

$$\lim_{n \to \infty} 2^n z \sin \frac{2z}{2^n} = 2z^2 \lim_{n \to \infty} \frac{\sin \frac{2z}{2^n}}{\frac{2z}{2^n}} = 2z^2.$$

Das führt für $n \to \infty$ auf

$$z \cot z = 1 - 2 \sum_{k=1}^{\infty} \frac{z^2}{k^2 \pi^2 - z^2},$$

wie behauptet. □

Beweis des Satzes 17.4. Berücksichtigt man

$$\frac{z^2}{k^2 \pi^2 - z^2} = \frac{(\frac{z}{k\pi})^2}{1 - (\frac{z}{k\pi})^2} = \sum_{n=1}^{\infty} \left(\frac{z}{k\pi} \right)^{2n}, \quad (|z| < \pi)$$

so erhält man

$$z \cot z = 1 - 2 \sum_{k=1}^{\infty} \sum_{n=1}^{\infty} \left(\frac{z}{k\pi} \right)^{2n}$$

$$= 1 - 2 \sum_{n=1}^{\infty} \left(\sum_{k=1}^{\infty} \frac{1}{k^{2n}} \right) \left(\frac{z}{\pi} \right)^{2n}$$

$$= 1 - 2 \sum_{n=1}^{\infty} \zeta(2n) \left(\frac{z}{\pi} \right)^{2n}$$

(wie in Teil (b) der Vorbemerkung zum Beweis behauptet). □

Auch die Werte der zeta-Funktion in negativen ungeraden ganzen Zahlen lassen sich mit Hilfe der BERNOULLI-Zahlen ausdrücken. Wir schicken wieder einen Hilfssatz voraus.

Satz 17.8 (Hilfssatz).

$$\Gamma\left(\frac{1}{2} - n \right) = (-1)^n \frac{2^{2n-1}(n-1)!}{(2n-1)!} \sqrt{\pi} \qquad (n \in \mathbb{N}).$$

Beweis (vollständige Induktion nach n).

$$n = 1 \qquad \Gamma\left(-\frac{1}{2} \right) = -2\Gamma\left(\frac{1}{2} \right) = -2\sqrt{\pi}$$

$$n > 1 \qquad \Gamma\left(\frac{1}{2} - (n+1) \right) = \Gamma\left(\frac{-1 - 2n}{2} \right)$$

$$= -\frac{2}{2n+1} \Gamma\left(\frac{1}{2} - n \right)$$

$$= -\frac{2}{2n+1} (-1)^n \frac{2^{2n-1}(n-1)!}{(2n-1)!} \sqrt{\pi}$$

$$= (-1)^{n+1} \frac{2^{2n+1} n!}{(2n+1)!} \sqrt{\pi} \qquad \square$$

Satz 17.9.

$$\zeta(1 - 2n) = -\frac{B_{2n}}{2n} \qquad (n \in \mathbb{N}).$$

Insbesondere für $n = 1$ erhalten wir $\zeta(-1) = -\frac{1}{12}$.

Beweis. Nach der Funktionalgleichung 15.1 der zeta-Funkion und unter Verwendung von Satz 17.4 und Hilfssatz 17.8 gilt

$$\pi^{n-1/2}\zeta(1 - 2n)\Gamma\left(\frac{1}{2} - n\right) = \pi^{-n}\zeta(2n)\Gamma(n)$$

$$\zeta(1 - 2n) = \pi^{1/2-2n}\Gamma(n)\zeta(2n) \cdot \frac{(2n-1)!}{(-1)^n 2^{2n-1}(n-1)!\sqrt{\pi}}$$

$$= (-1)^n \pi^{-2n} \frac{(2n-1)!}{2^{2n-1}} \cdot (-1)^{n+1} \frac{(2\pi)^{2n}}{2(2n)!} B_{2n}$$

$$= -\frac{B_{2n}}{2n}. \qquad \square$$

Anhang

Hilfsresultate aus der Analysis

Die Resultate aus Gebieten der Mathematik abseits der Analytischen Zahlentheorie, auf die sich Aussagen der Analytischen Zahlentheorie stützen, werden unter Angabe von Literaturstellen, wo sie zu finden sind, angeführt oder direkt bewiesen. Die Aussagen sind gegebenenfalls der Anwendungssituation entsprechend vereinfacht.

G Gleichmäßige Konvergenz

Definition G.a. Eine Folge $\{f_n\}_{n=1}^\infty$ von auf einer Menge M gegebenen komplexwertigen Funktionen f_n heißt auf M *gleichmäß ig konvergent*, wenn es zu jedem gegebenen $\varepsilon > 0$ einen (von $x \in M$ unabhängigen) Index m_ε gibt, mit der Eigenschaft, dass $n > m \geq m_\varepsilon$ impliziert $|f_n(x) - f_m(x)| < \varepsilon$ für alle $x \in M$.

Die Unabhängigkeit des Indexes m_ε von $x \in M$ ist das wesentliche Merkmal der gleichmäßigen Konvergenz. Die Folge hat eine komplexwertige Grenzfunktion f auf M, sodass $\lim_{n \to \infty} f_n(x) = f(x)$ für alle $x \in M$.

Definition G.b. Eine Reihe $\sum_{k=1}^\infty g_k(x)$ mit auf einer Menge M gegebenen komplexwertigen Funktionen $g_k(x)$ heißt auf M *gleichmäßig konvergent*, wenn die Folge der Partialsummen $f_n = \sum_{k=1}^n g_k$ auf M gleichmäßig konvergent ist d. h. wenn es zu jedem gegebenen $\varepsilon > 0$ einen (von $x \in M$ unabhängigen) Index m_ε gibt, mit der Eigenschaft, dass $n > m \geq m_\varepsilon$ impliziert $|\sum_m^n g_k(x)| < \varepsilon$ für alle $x \in M$.
 (Dann gibt es auch eine komplexwertige Grenzfunktion $f = \sum_{k=1}^\infty g_k$ auf M.)

Wenn M eine Untermenge eines topologischen Raumes (wie z. B. der rellen oder komplexen Zahlen) ist, heißt die Folge $\{f_n\}_{n=1}^\infty$ auf M *lokal gleichmäßig konvergent*, wenn es zu jedem $x \in M$ eine Umgebung $U(x)$ gibt, mit der Eigenschaft, dass diese Folge auf $U(x) \cap M$ gleichmäßig konvergiert. Eine auf einer offenen Untermenge von $\mathbb{C}$ gleichmäßig konvergente Funktionenfolge ist lokal gleichmäßig konvergent.

Satz G.1. *Wenn die Funktionen g_k einer auf einem offenen beschränkten Intervall $J \subset \mathbb{R}$ konvergenten Reihe $\sum_{k=1}^\infty g_k$ auf J differenzierbar sind und die Reihe der Ableitungen $\sum_{k=1}^\infty g_k'$ auf J lokal gleichmäßig konvergiert, so konvergiert auch $\sum_{k=1}^\infty g_k$ gleichmäßig auf J und $\sum_{k=1}^\infty g_k'$ ist auf J die Ableitung der Grenzfunktion $g = \sum_{k=1}^\infty g_k$.* ([VON MANGOLDT/KNOPP II], IV. 97, Satz 3, S. 284)

Ein schärferer Satz im Komplexen, in dem die Bedingung für die Reihe der Ableitungen wegfällt, ist Satz H.3.

https://doi.org/10.1515/9783110500035-007

Für den Nachweis der (lokal) gleichmäßigen Konvergenz einer Reihe $\sum_{k=1}^{\infty} g_k$ ist folgender Satz hilfreich:

Satz G.2 (WEIERSTRASSsches Majorantenkriterium). *Es sei $|g_k(x)| < a_k$ für alle $k \in \mathbb{N}$ und alle $x \in M$; wenn $\sum_{k=1}^{\infty} a_k < \infty$, dann konvergiert die Reihe $\sum_{k=1}^{\infty} g_k$ gleichmäßig auf M.* ([FREITAG/BUSAM], III Bemerkung 1.5, S. 101 [NEVANLINNA/PAATERO], 7.4, Satz 9, S. 115)

Definition G.c. Ein auf einem Intervall $[a, \infty[\subset \mathbb{R}, a \in \mathbb{R}$ für $y \in J \subset \mathbb{R}$ definiertes, in ∞ uneigentliches Integral $\int_a^{\infty} f(x, y)\, dx$ heißt auf *J gleichmäßig konvergent,* wenn es zu jedem $\varepsilon > 0$ ein a_ε gibt, sodass $b \geq a_\varepsilon$ impliziert, dass $|\int_b^{\infty} f(x, y)\, dx| < \varepsilon$ für alle $y \in J$ gilt. ([VON MANGOLDT/KNOPP III], IX.141, S. 470)

Diese Definition ist auf eine Untermenge $M \subset \mathbb{C}$ erweiterbar.

V Vertauschbarkeit von Integration mit anderen Operationen

Grob gesprochen handelt es sich um Voraussetzungen, unter denen

$$\lim_{y \to y_0} \int_\alpha^\beta f(x, y)\, dx = \int_\alpha^\beta \lim_{y \to y_0} f(x, y)\, dx$$

(was als Spezialfall $\frac{d}{dy} \int_\alpha^\beta f(x, y)\, dx = \int_\alpha^\beta \frac{\partial}{\partial y} f(x, y)\, dx$ enthält) bzw.

$$\int_\delta^\eta \left(\int_\alpha^\beta f(x, y)\, dx \right) dy = \int_\alpha^\beta \left(\int_\delta^\eta f(x, y)\, dx \right) dy$$

zutrifft. Dabei wird vorausgesetzt, dass alle Integrale und Operationen valide sind. Die Begriffe der Messbarkeit und der Integrierbarkeit einer Funktion f sind z. B. in [HEWITT/STROMBERG] erklärt. Hier gehen wir davon aus, dass alle Operationen, die vorkommen, zulässig sind, und formulieren die Aussagen angepasst an die Situation, mit der wir zu tun haben.

Satz V.1 (Satz von B. LEVI über monotone Konvergenz). *Wenn die Folge der auf einer Menge $M \subset \mathbb{C}$ gegebenen Funktionen $\{f_n = f_n^+ - f_n^- : f_n^+ : M \to \mathbb{R}_+, f_n^- : M \to \mathbb{R}_+\}_{n=1}^{\infty}$ monoton steigt und für ein $k \in \mathbb{N} \int_M f_k^-(z)\, dz < \infty$, dann gilt*

$$\lim_{n \to \infty} \int_M f_n(z)\, dz = \int_M \lim_{n \to \infty} f_n(z)\, dz \in \mathbb{R} \cup \{\infty\}.$$

([HEWITT/STROMBERG], 12.22, S. 172)

Diese Aussage trifft auch für den Fall einer monton wachsenden Parameter-Familie $\{f_\eta : M \to \mathbb{R}\}_{\eta \in I}$ $(I \subset \mathbb{R})$ in der Form

$$\lim_{\eta \to \eta_0} \int_M f_\eta(z)\, dz = \int_M \lim_{\eta \to \eta_0} f_\eta(z)\, dz$$

zu. Wäre sie falsch, so würde für eine geeignete Folge $\{\eta_n\}_{n=1}^{\infty}$ die Aussage des obigen Satzes nicht zutreffen.

Satz V.2 (Satz von LEBESGUE über dominierte Konvergenz). *Wenn $\{f_n\}_{n=1}^{\infty}$ eine Folge von integrierbaren Funktionen auf $]\alpha, \beta[$ ist, deren Absolutbeträge durch eine integrierbare Funktion h majorisiert sind (d. h. $|f_n(x)| \leq h(x) \ \forall \ x \in]\alpha, \beta[$ und $\int_{\alpha}^{\beta} h(x) \, dx < \infty$), und wenn $\lim_{n \to \infty} f_n(x)$ für alle $x \in]\alpha, \beta[$ existiert, dann gilt*

$$\lim_{n \to \infty} \int_{\alpha}^{\beta} f_n(x) \, dx = \int_{\alpha}^{\beta} \lim_{n \to \infty} f_n(x) \, dx.$$

([HEWITT/STROMBERG], 12.24, S. 172)

Satz V.3 (Satz von FUBINI). *Wenn eines der Integrale $\int_{\delta}^{\eta} \left(\int_{\alpha}^{\beta} |f(x, y)| \, dx \right) \, dy$ und $\int_{\alpha}^{\beta} \left(\int_{\delta}^{\eta} |f(x, y)| \, dx \right) \, dy$ endlich ist, dann gilt*

$$\int_{\delta}^{\eta} \left(\int_{\alpha}^{\beta} f(x, y) \, dx \right) \, dy = \int_{\alpha}^{\beta} \left(\int_{\delta}^{\eta} f(x, y) \, dx \right) \, dy.$$

([HEWITT/STROMBERG], 21.13, S. 386)

Satz V.4. *Wenn die auf $M = [a, b] \times]c, d[\subset \mathbb{R}^2$ definierte (komplexwertige) Funktion $f(x, y)$ stetig und partiell nach y differenzierbar ist und $\frac{\partial f}{\partial y}$ auf M ebenfalls stetig ist, so gilt*

$$\frac{d}{dy} \int_{a}^{b} f(x, y) \, dx = \int_{a}^{b} \frac{\partial}{\partial y} f(x, y) \, dx.$$

([VON MANGOLDT/KNOPP III], VI.86, S. 317)

Satz V.5. *Wenn die komplexwertigen Funktionen $f_k : [a, b] \to \mathbb{C}$ ($k \in \mathbb{N}$) stetig sind und die Reihe $\sum_{k=1}^{\infty} f_k$ auf $[a, b]$ gleichmäßig konvergiert, dann gilt*

$$\int_{a}^{b} \left(\sum_{k=1}^{\infty} f_k(x) \, dx \right) = \sum_{k=1}^{\infty} \int_{a}^{b} f_k(x) \, dx.$$

([CARSLAW], 70.1, S. 157, [VON MANGOLDT/KNOPP III], II.45, S. 161)

U Umordnung von Reihen

Definition U.a. Die Reihe $\sum_{n=1}^{\infty} a_n$ ($a_n \in \mathbb{C}$, $n \in \mathbb{N}$ heißt *absolut konvergent*, wenn $\sum_{n=1}^{\infty} |a_n| < \infty$.

Die Reihe $\sum_{n=1}^{\infty} \frac{(-1)^{n+1}}{n} = 1 - \frac{1}{2} + \frac{1}{3} \pm \cdots = \sum_{n=1}^{\infty} \frac{1}{2n(2n-1)} < \infty$ konvergiert, ist aber nicht absolut konvergent; da die Summe der positiven wie auch die Summe ihrer negativen Glieder divergiert, können ihre Glieder $\frac{(-1)^{n+1}}{n}$ so umgeordnet werden, dass die Reihe nach der Umordnung z. B. gegen ∞ divergiert, indem jeweils (d. h. für alle $n \in \mathbb{N}$)

zuerst die positiven Glieder mit einer Summe größer als $2n + \frac{1}{2n}$ angeordnet werden und danach das negative Glied $-\frac{1}{2n}$.

Satz U.1. *Eine Umordnung der Glieder einer absolut konvergenten Reihe ändert ihre Summe nicht.* ([VON MANGOLDT/KNOPP II], IV.80, S. 233)

A ABEL-Summation

Die ABEL-Summation ist das diskrete Gegenstück zur partiellen Integration. Sie kann bei der Auswertung einer Reihe von der Form $\sum_{n=1}^{\infty} a_n b_n$ gute Dienste tun. In der allgemeinen Form sind die Voraussetzungen:

(a) Gegeben ist eine monoton wachsende Index-Folge $\{\lambda_k \in \mathbb{R}^+\}_{k=1}^{N}$ ($N \leq \infty$). Außerdem wird $\lambda_0 = 0$ gesetzt.

(b) Gegeben ist eine Folge komplexer Zahlen $\{a_n\}_{n=1}^{N}$, für die $A(x) = \sum_{\lambda_k \leq x} a_k$ gesetzt wird, sodass $A(\lambda_n) = \sum_{k=1}^{n} a_k$ und $a_n = A(\lambda_n) - A(\lambda_{n-1})$. Auch hier wird $a_0 = 0$ und $A(\lambda_0) = 0$ gesetzt.

(c) Gegeben ist eine komplexwertige Funktion v auf $\mathbb{R}$.

Dann treffen folgende Aussagen zu:

Satz A.1.

(A) *Im Falle $N < \infty$ ist*

$$\sum_{n=1}^{N} a_n v(\lambda_n) = A(\lambda_N)v(\lambda_N) - \sum_{n=1}^{N-1} A(\lambda_n)[v(\lambda_{n+1}) - v(\lambda_n).]$$

(B) *Im Falle $v \in \mathcal{C}^1(\mathbb{R}^+)$ (d. h., v ist stetig differenzierbar) gilt*

$$\sum_{\lambda_n \leq x} a_n v(\lambda_n) = A(x)v(x) - \int_{\lambda_1}^{x} A(t)v'(t)\, dt.$$

(C) *Falls außerdem $\lim_{x \to \infty} A(x)v(x) = 0$, dann gilt*

$$\sum_{n=1}^{\infty} a_n v(\lambda_n) = -\int_{\lambda_1}^{\infty} A(t)v'(t)\, dt,$$

sofern eine der beiden Seiten konvergiert.

Beweis. (C) folgt aus (B). Darum sind nur (A) und (B) nachzuweisen.

(A)
$$\sum_{n=1}^{N} a_n v(\lambda_n) = \sum_{n=1}^{N} [A(\lambda_n) - A(\lambda_{n-1})]v(\lambda_n)$$

$$= A(\lambda_N)v(\lambda_N) - \sum_{n=1}^{N-1} A(\lambda_n)v(\lambda_{n+1}) + \sum_{n=1}^{N-1} A(\lambda_n)v(\lambda_n)$$

$$= A(\lambda_N)v(\lambda_N) - \sum_{n=1}^{N-1} A(\lambda_n)[v(\lambda_{n+1}) - v(\lambda_n)].$$

(B) Wir nehmen an, dass $\lambda_N \leq x < \lambda_{N+1}$, d. h. $A(x) = \sum_{\lambda_n \leq x} a_n = \sum_{n=1}^{N} a_n = A(\lambda_N)$.

$$\sum_{\lambda_n \leq x} a_n v(\lambda_n) = A(x)v(x) - A(x)[v(x) - v(\lambda_N)] - \sum_{n=1}^{N-1} A(\lambda_n) \int_{\lambda_n}^{\lambda_{n+1}} v'(t)\, dt$$

$$= A(x)v(x) - \int_{\lambda_N}^{x} A(t)v'(t)\, dt - \sum_{n=1}^{N-1} \int_{\lambda_n}^{\lambda_{n+1}} A(t)v'(t)\, dt$$

$$= A(x)v(x) - \int_{\lambda_1}^{x} A(t)v'(t)\, dt. \qquad \square$$

F FOURIER-Analysis

Im Rahmen dieses Buches ist die FOURIER-Transformation einer über $\mathbb{R}$ integrierbaren Funktion (Definition F.c und Satz F.3) im Beweis von Hilfssatz 11.2, Schritt 7, relevant, im Anhang S noch die Entwicklung einer periodischen Funktion in eine FOURIER-Reihe bei der Ableitung der Produktdarstellung der sinus-Funktion. Es ist für das Verständnis deshalb zweckmäßig, sich an die Grundlagen der FOURIER-Analysis zu erinnern.

Definition F.a. Eine auf einem endlichen Intervall $[\alpha, \beta] \subset \mathbb{R}$ integrierbare Funktion f hat eine *FOURIER-Reihe* der Form

$$f \sim \sum_{k \in \mathbb{Z}} c_k e^{ik\frac{2\pi}{\beta-\alpha}x} = \frac{a_0}{2} + \sum_{k=1}^{\infty} \left(a_k \cos k\frac{2\pi}{\beta-\alpha}x + b_k \sin k\frac{2\pi}{\beta-\alpha}x \right),$$

wobei

$$c_k = \frac{1}{\beta-\alpha} \int_{\alpha}^{\beta} f(x) e^{-ik\frac{2\pi}{\beta-\alpha}x}\, dx$$

$$a_k = c_k + c_{-k} = \frac{2}{\beta-\alpha} \int_{\alpha}^{\beta} f(x) \cos k\frac{2\pi}{\beta-\alpha}x\, dx$$

$$b_k = i(c_k - c_{-k}) = \frac{2}{\beta-\alpha} \int_{\alpha}^{\beta} f(x) \sin k\frac{2\pi}{\beta-\alpha}x\, dx.$$

Das Zeichen $\sim$ bedeutet ‚entspricht' zum Unterschied von $=$ (‚ist gleich'). Die FOURIER-Reihe, die Folge $\{c_k\}_{k \in \mathbb{Z}}$, bzw. die Folgen $\{a_k\}_{k=0}^{\infty}$ und $\{b_k\}_{k=1}^{\infty}$ bestimmen zwar die Funktion f eindeutig, die Reihe selbst konvergiert aber nur unter einschränkenden Bedingungen für die Funktion f, wie beispielsweise in Satz F.2 genannt. Wenn $b_k = 0$ für alle $k \in \mathbb{N}$, wird f durch eine cosinus-Reihe dargestellt, analogerweise, wenn $a_k = 0$

für alle $k \in \mathbb{N}$, durch eine sinus-Reihe. Als Funktion auf $\mathbb{R}$ definiert die FOURIER-Reihe eine periodische Funktion mit der Periode $\beta - \alpha$.

Satz F.1 (RIEMANN-LEBESGUE-Lemma für periodische Funktionen).

$$\lim_{k\to\infty} a_k = \lim_{k\to\infty} b_k = \lim_{k\to\infty} c_k = 0.$$

([CARSLAW], 105, S. 271, [HEWITT/STROMBERG], 16.35, S. 249)

Definition F.b. Die *Variation* $V_\alpha^\beta(f)$ (auch *Schwankung* genannt) einer auf dem Intervall $[\alpha, \beta]$ definierten komplexwertigen Funktion f ist definiert durch

$$V_\alpha^\beta(f) := \sup \left\{ \sum_{k=0}^{n-1} |f(x_{k+1}) - f(x_k)| : \alpha = x_0 < x_1 < \cdots < x_n = \beta, \ n \in \mathbb{N} \right\}$$

Offenbar hat eine komplexwertige Funktion genau dann eine endliche Variation (d. h., sie ist eine Funktion *von beschränkter Schwankung*), wenn ihr Realteil und ihr Imaginärteil Funktionen von beschränkter Schwankung sind. Eine Funktion in $\mathcal{C}^1([\alpha, \beta])$ ist wegen des Mittelwertsatzes auch von beschränkter Schwankung.

Satz F.2. *Wenn die differenzierbare Funktion f auf dem Intervall* $[\alpha, \beta]$ *von beschränkter Schwankung ist, dann konvergiert die* FOURIER-*Reihe von f punktweise gegen f, d. h.*

$$\sum_{k=0}^{\infty} \left(a_k \cos k \frac{2\pi}{\beta - \alpha} x + b_k \sin k \frac{2\pi}{\beta - \alpha} x \right) = f(x) \qquad \forall x \in [\alpha, \beta].$$

([CARSLAW], 105(iv), S. 272)

Definition F.c. Für eine Funktion $f \in \mathcal{L}_1(\mathbb{R})$ (d. h. $\int_\mathbb{R} |f(x)| \, dx < \infty$) ist die *FOURIER-transformierte Funktion* $\hat{f}$ definiert durch

$$\hat{f}(x) = \frac{1}{\sqrt{2\pi}} \int_\mathbb{R} f(t) e^{-ixt} \, dt.$$

Die Funktion $\hat{f}$ ist stetig und bestimmt die Funktion f in $\mathcal{L}_1(\mathbb{R})$ eindeutig, braucht aber nicht mehr in $\mathcal{L}_1(\mathbb{R})$ zu liegen. Beispielweise ist die FOURIER-Transformierte der Indikator-Funktion $f = 1_{[-1,1]}$ des Intervalles $[-1, 1]$ die durch $\hat{f}(x) = \sqrt{\frac{2}{\pi}} \cdot \frac{\sin x}{x}$ definierte Funktion, für die aber $\int_0^\infty |\frac{\sin x}{x}| \, dx = \infty$ gilt. Die Funktion $g(x) = e^{-x^2/2}$ ist Fixpunkt der FOURIER-Transformation, d. h. $\hat{g}(x) = g(x) \, \forall x \in \mathbb{R}$. Sie ist ein Beispiel für die folgenden zwei Sätze.

Satz F.3 (RIEMANN-LEBESGUE-Lemma für integrierbare Funktionen).

$$\lim_{x\to\infty} \hat{f}(x) = 0.$$

([HEWITT/STROMBERG], 21.39, S. 401)

Satz F.4. *Wenn die* FOURIER-*Transformierte* $\hat{f}$ *einer Funktion* $f \in \mathcal{L}_1(\mathbb{R})$ *wieder in* $\mathcal{L}_1(\mathbb{R})$ *liegt, dann gilt*

$$f(x) = \frac{1}{\sqrt{2\pi}} \int_{\mathbb{R}} \hat{f}(t) e^{ixt} \, dt \quad \text{für fast alle } x \in \mathbb{R}.$$

([HEWITT/STROMBERG], 21.49, S. 409)

Satz F.5 (PLANCHEREL)**.** *Wenn* $f \in \mathcal{L}_1(\mathbb{R}) \cap \mathcal{L}_2(\mathbb{R})$, *dann gilt*

$$\int_{\mathbb{R}} |f(x)|^2 \, dx = \int_{\mathbb{R}} |\hat{f}(x)^2 \, dx.$$

([HEWITT/STROMBERG], 21.53, S.411)

P Unendliche Produkte

Offenbar hat ein Produkt von unendlich vielen Faktoren c_n nur dann einen Sinn, wenn sich diese Faktoren c_n für $n \to \infty$ der 1 nähern. Es ist daher sinnvoll, sich Gedanken zu machen über Produkte der Form $\prod_{n=1}^{\infty}(1 + a_n)$, in denen $\lim_{n\to\infty} a_n = 0$. Zweckmäßigerweise setzen wir jedesmal voraus $a_n \neq -1$, da sonst $\prod_{k=1}^{\infty}(1 + a_k) = \prod_{k=1}^{n}(1 + a_k) \cdot \prod_{k=n+1}^{\infty}(1 + a_k) = 0$. Die folgenden Sätze geben eine Antwort auf die Frage, ob $\lim_{N\to\infty} \prod_{n=1}^{N}(1 + a_n)$ existiert und ungleich 0 ist. Der erste Satz ist ein multiplikatives Analogon zum CAUCHY-Kriterium für die Konvergenz von Reihen. Das ist nicht verwunderlich, da der Beweis auch anders, nämlich für die Konvergenz der Reihe der Logarithmen der Faktoren $1 + a_n$, geführt werden kann. Wir setzen $Q_N = \prod_{n=1}^{N}(1 + a_n)$ und nehmen ohne Beschränkung der Allgemeinheit $|a_n| < 1 \; \forall \, n \in \mathbb{N}$ an.

Satz P.1. *Unter der Voraussetzung* $a_n \neq -1 \; \forall \, n \in \mathbb{N}$ *existiert der von 0 verschiedene Grenzwert*

$$Q = \lim_{N\to\infty} Q_N = \lim_{N\to\infty} \prod_{n=1}^{N}(1 + a_n) \neq 0$$

genau dann, wenn es zu jedem $\varepsilon > 0$ *ein* $N_\varepsilon \in \mathbb{N}$ *gibt, mit der Eigenschaft, dass* $n \geq m \geq N_\varepsilon$ *impliziert* $|\frac{Q_n}{Q_m} - 1| < \varepsilon$.

Beweis. Die Konvergenz von Q_N zu einem Grenzwert $Q \neq 0$ impliziert, dass $|Q_N| \geq \frac{|Q|}{2}$ für alle $N \in \mathbb{N}$, die größer als ein geeignetes $\overline{N} \in \mathbb{N}$ sind. Wegen der Konvergenz der Teilprodukte Q_N ist zu einem gegebenen ε ein $N_\varepsilon \geq \overline{N}$ zu finden, mit der Eigenschaft, dass $n \geq m \geq N_\varepsilon$ impliziert $|Q_n - Q_m| < \varepsilon \frac{|Q|}{2}$ und damit $|\frac{Q_n}{Q_m} - 1| < \varepsilon \frac{|Q|}{2|Q_m|} < \varepsilon$. Damit ist die Notwendigkeit der im Satz genannten Bedingung gezeigt.

Um zu zeigen, dass die angegebene Bedingung auch hinreichend ist, nehmen wir an, dass bei gegebenem $\varepsilon \in \,]0, \frac{1}{2}[$ ein N_ε so gefunden wäre, dass $n \geq m \geq N_\varepsilon$ die Ungleichung $|\frac{Q_n}{Q_m} - 1| < \varepsilon \; (< \frac{1}{2})$ zur Folge hat. Dann gilt für diese partiellen Produkte

$$\frac{1}{2} < 1 - \varepsilon < \frac{Q_n}{Q_m} < 1 + \varepsilon < 2 \quad \text{(dies gilt auch für } m = N_\varepsilon). \tag{P.1}$$

Als Folge ergibt sich

$$\left|\frac{Q_n}{Q_{N_\varepsilon}} - \frac{Q_m}{Q_{N_\varepsilon}}\right| = \left|\frac{Q_n}{Q_m} - 1\right|\left|\frac{|Q_m|}{|Q_{N_\varepsilon}|}\right| < \varepsilon \cdot 2.$$

Nach dem CAUCHY-Kriterium existiert also ein nach P.1 von 0 verschiedener Grenzwert $\frac{Q}{Q_{N_\varepsilon}}$ der Produkte $\frac{Q_n}{Q_{N_\varepsilon}}$ für $n \to \infty$. Für das Partialprodukt Q_N ($N > N_\varepsilon$) bedeutet das

$$Q_N = \prod_{n=1}^{N}(1 + a_n) = \prod_{n=1}^{N_\varepsilon}(1 + a_n) \cdot \prod_{n=N_\varepsilon+1}^{N}(1 + a_n) = Q_{N_\varepsilon}\frac{Q_N}{Q_{N_\varepsilon}} \xrightarrow{N\to\infty} Q,$$

womit die Behauptung bewiesen ist. Dieser Grenzwert Q wird sinngemäß als *unendliches Produkt* $Q = \prod_{n=1}^{\infty}(1 + a_n)$ bezeichnet. □

Das in Satz P.1 genannte Kriterium ist unter Umständen schwer nachprüfbar, wohl aber die absolute Konvergenz der Reihe $\{a_n\}_{n=1}^{\infty}$.

Satz P.2. *Wenn* $\sum_{n=1}^{\infty}|a_n| < \infty$ *und* $a_n \neq -1$ ($n \in \mathbb{N}$), *dann existiert das von 0 verschiedene unendliche Produkt* $Q = \prod_{n=1}^{\infty}(1 + a_n)$.

Beweis. Wir überzeugen uns zunächst von der Konvergenz des unendlichen Produktes $\prod_{n=1}^{\infty}(1 + |a_n|)$ als Grenzwert einer für $k \to \infty$ monoton wachsenden Folge:

$$\prod_{n=1}^{k}(1 + |a_n|) \leq \prod_{n=1}^{k}e^{|a_n|} = e^{\left(\sum_{n=1}^{k}|a_n|\right)} \xrightarrow{k\to\infty} e^{\left(\sum_{n=1}^{\infty}|a_n|\right)} < \infty.$$

Das Kriterium für die Konvergenz dieses unendlichen Produktes zu einer von 0 verschiedenen Zahl muss also offenbar erfüllt sein. Eine Prüfung dieses Kriteriums für das unendliche Produkt $\prod_{n=1}^{\infty}(1 + a_n)$ (jetzt ohne Absolutbeträge) ergibt nun für $n > m$

$$\left|\frac{Q_n}{Q_m} - 1\right| = |(1 + a_{m+1})(1 + a_{m+2})\ldots(1 + a_n) - 1|$$

$$\leq [(1 + |a_{m+1}|)(1 + |a_{m+2}|)\ldots(1 + |a_n|) - 1] < \varepsilon,$$

sobald $n \geq m \geq N_\varepsilon$, wobei wir uns auf die Konvergenz des unendlichen Produktes $\prod_{n=1}^{\infty}(1 + |a_n|)$ berufen. □

Von Interesse in der Zahlentheorie sind die unendlichen Produkte, die sich in Zusammenhang mit Funktionen auf $\mathbb{N}$ mit besonderen Eigenschaften ergeben.

Definition P.a. Eine Funktion $f : \mathbb{N} \to \mathbb{C}$ heißt *multiplikativ*, wenn ($(m, n) = $ größter gemeinsamer Teiler von m und n)

$$(m, n) = 1 \implies f(m \cdot n) = f(m) \cdot f(n).$$

Die Funktion f heißt *stark multiplikativ*, wenn

$$f(m \cdot n) = f(m) \cdot f(n)$$

für alle natürlichen Zahlen m, n gilt.

Eine multiplikative Funktion f ungleich der Nullfunktion erfüllt $f(1) = 1$, da $f(1) = f(1 \cdot 1) = (f(1))^2$. Ein Beispiel für eine multiplikative, aber nicht stark multiplikative Funktion ist die EULERsche φ-Funktion, die die Anzahl der zu einer Zahl $n \in \mathbb{N}$ teilerfremden Restklassen angibt: $\varphi(3) = 2$, aber $\varphi(9) = 6 \neq 2^2$. Ein Beispiel für eine stark multiplikative Funktion ist $f(n) = n^s$ ($s \in \mathbb{C}$), da $f(n \cdot m) = (n \cdot m)^s = n^s \cdot m^s = f(n) \cdot f(m)$.

Satz P.3. *Es sei f eine multiplikative Funktion auf $\mathbb{N}$ mit $f(1) = 1$, $\sum_{n=1}^{\infty} |f(n)| < \infty$ und $\sum_{k=1}^{\infty} f(p^k) \neq -1 \; \forall \; p \in \mathbb{P}$. Dann gilt*

(a) $\sum_{n=1}^{\infty} f(n) = \prod_{p \in \mathbb{P}} [1 + \sum_{k=1}^{\infty} f(p^k)] = \lim_{x \to \infty} \prod_{p \leq x} \sum_{k=0}^{\infty} f(p^k)$

(b) *Die unendlichen Produkte $\prod_{p \in \mathbb{P}} [1 + |\sum_{k=1}^{\infty} f(p^k)|]$ und $\prod_{p \in \mathbb{P}} [1 + \sum_{k=1}^{\infty} |f(p^k)|]$ konvergieren.*

(c) *Wenn f stark multiplikativ ist, lässt sich die Summe der Reihe als sogenanntes EULER-Produkt darstellen:*

$$\sum_{n=1}^{\infty} f(n) = \prod_{p \in \mathbb{P}} (1 - f(p))^{-1} \neq 0.$$

Beweis. Das unendliche Produkt

$$\prod_{p \in \mathbb{P}} \left(1 + \sum_{k=1}^{\infty} f(p^k) \right)$$

existiert $\neq 0$ nach Satz P.2, da $\sum_{p \in \mathbb{P}} |\sum_{k=1}^{\infty} f(p^k)| < \sum_{n=1}^{\infty} |f(n)| < \infty$.

(a) Wir verwenden folgende Größe:

$$P(x) := \prod_{p \leq x} (1 + f(p) + f(p^2) + \cdots) = \prod_{p \leq x} \left[1 + \sum_{k=1}^{\infty} f(p^k) \right].$$

Wegen $\sum_{k=0}^{\infty} |f(p^k)| < \sum_{n=1}^{\infty} |f(n)| < \infty$ ist $P(x)$ ein endliches Produkt absolut konvergenter Reihen. Da f multiplikativ ist, ist $P(x)$ die Summe aller Zahlen der Form $f(n)$ für Argumente n, die nur Primfaktoren kleiner oder gleich x enthalten. Daher ist $|P(x) - \sum_{n=1}^{\infty} f(n)| \leq \sum_{n' \in \mathbb{N}} |f(n')|$, wobei die Folge der Argumente n' nur aus Zahlen besteht, die einen Primfaktor größer als x enthalten, also auch selbst größer als x sind. Infolge der Konvergenz der Reihe $\sum_{n=1}^{\infty} |f(n)|$ geht $\sum_{n>x}^{\infty} |f(n)|$ für $x \to \infty$ gegen 0, also existiert der Grenzwert $\lim_{x \to \infty} P(x) = \lim_{x \to \infty} \prod_{p \leq x} \sum_{k=0}^{\infty} f(p^k) = \sum_{n=1}^{\infty} f(n)$.

(b) Die Behauptung folgt aus der Kette von Ungleichungen

$$\sum_{p \in \mathbb{P}} \left| \sum_{k=1}^{\infty} f(p^k) \right| \leq \sum_{p \in \mathbb{P}} \sum_{k=1}^{\infty} |f(p^k)| \leq \sum_{n=1}^{\infty} |f(n)| < \infty.$$

(c) Aus der starken Multiplikativität von f folgt $f(p^k) = [f(p)]^k$, aus $\sum_{k=0}^{\infty} |f(p)|^k = \sum_{k=0}^{\infty} |f(p^k)| < \sum_{n=1}^{\infty} |f(n)| < \infty$ folgt $|f(p)| < 1$, also

$$\sum_{n=1}^{\infty} f(n) = \lim_{x \to \infty} P(x) = \prod_{p \in \mathbb{P}} \sum_{k=0}^{\infty} [f(p)]^k = \prod_{p \in \mathbb{P}} (1 - f(p))^{-1} \neq 0. \qquad \square$$

S Die Produkt-Darstellung der sinus-Funktion

Satz S.1. *Für $s \in \mathbb{C}$ gilt*

$$\sin \pi s = \pi s \prod_{n=1}^{\infty} \left(1 - \frac{s^2}{n^2}\right).$$

Beweis. Es genügt, die Behauptung für reelles $s = x \in {]}0, 1[$ zu beweisen, da beide Seiten auf $\mathbb{C}$ ganze Funktionen von s darstellen. Wenn diese auf ${]}0, 1[$ übereinstimmen, so trifft dies auch auf ganz $\mathbb{C}$ zu.

Ausgangspunkt eines Beweises ist für $u \notin \mathbb{Z}$ das Integral

$$\lim_{\varepsilon \to 0} \int_{\varepsilon}^{x} \left(\cot \pi u - \frac{1}{\pi u}\right) du = \frac{1}{\pi} \lim_{\varepsilon \to 0} \int_{\pi \varepsilon}^{\pi x} \left(\cot y - \frac{1}{y}\right) dy \qquad \pi u = y, \; \pi du = dy$$

$$= \frac{1}{\pi} \lim_{\varepsilon \to 0} \left[\log \sin y - \log y\right]\big|_{\pi \varepsilon}^{\pi x}$$

$$= \frac{1}{\pi} \lim_{\varepsilon \to 0} \left[\log \frac{\sin y}{y}\right]_{\pi \varepsilon}^{\pi x}$$

$$= \frac{1}{\pi} \log \frac{\sin \pi x}{\pi x}. \tag{S.1}$$

Um eine Reihenentwicklung des Integranden zu erhalten, wird die in π linksseitig stetige periodische Funktion f in x mit Periode 2π und festem $u \in \mathbb{R}$, die auf dem Intervall ${]}{-\pi}, \pi[$ mit der Funktion $\cos ux$ übereinstimmt, in eine FOURIER-Reihe entwickelt. Wegen ihrer Differenzierbarkeit (außer in den Punkten $(2n + 1)\pi$, $n \in \mathbb{Z}$) wird sie durch ihre FOURIER-Reihe dargestellt (Satz F.2). Da die Funktion gerade ist, enthält sie nur cosinus-Glieder und hat die Form

$$\cos ux = \frac{a_0}{2} + \sum_{n=1}^{\infty} a_n \cos nx,$$

$$a_n = \frac{2}{\pi} \int_{0}^{\pi} \cos ut \cos nt \, dt \qquad \cos \alpha \cos \beta = \frac{1}{2}[\cos(\alpha + \beta) + \cos(\alpha - \beta)]$$

$$= \frac{1}{\pi} \int_{0}^{\pi} [\cos(n + u)t + \cos(n - u)t] \, dt$$

$$= \frac{1}{\pi} \left[\frac{\sin(n + u)t}{n + u} + \frac{\sin(n - u)t}{n - u}\right]_{0}^{\pi} \qquad (u \neq \pm n) \quad \sin(n + u)\pi = (-1)^n \sin \pi u$$

$$= (-1)^n \frac{\sin \pi u}{\pi} \left[\frac{1}{n + u} - \frac{1}{n - u}\right]$$

$$= (-1)^{n+1} \frac{\sin \pi u}{\pi} \cdot \frac{2u}{n^2 - u^2}$$

$$a_0 = \frac{2 \sin \pi u}{\pi u}$$

$$\cos ux = \frac{\sin \pi u}{\pi u} + \frac{2u \sin \pi u}{\pi} \sum_{n=1}^{\infty} \frac{(-1)^{n+1}}{n^2 - u^2} \cos nx.$$

Diese Formel bleibt auch für $u = n \in \mathbb{Z}$ sinnvoll, wenn man die entsprechenden Summanden auf der rechten Seite ersetzt für $u = \lim_{v \to 0} v = 0$ durch

$$\lim_{v \to 0} \frac{\sin \pi v}{\pi v} = 1$$

bzw. für $u \in \mathbb{Z} \setminus \{0\}$, $u = \lim_{v \to n} v = n \neq 0$ und $\sin(n\pi - nv) = (-1)^{n+1} \sin nv$ durch

$$\lim_{v \to n} \frac{2v}{n + v} \frac{(-1)^{n+1} \sin \pi v}{\pi(n - v)} \cos nx = \lim_{v \to n} \frac{2v}{(n + v)} \cdot \frac{\sin \pi(n - v)}{\pi(n - v)} \cos nx$$

$$= \cos nx \cdot \frac{2n}{2n} \cdot 1 = \cos nx.$$

Für $x = \pi$ ergibt sich wegen $\cos n\pi = (-1)^n$

$$\cos \pi u = \frac{\sin \pi u}{\pi u} + \frac{2u \sin \pi u}{\pi} \sum_{n=1}^{\infty} \frac{1}{u^2 - n^2}$$

$$\cot \pi u = \frac{1}{\pi u} + \frac{2u}{\pi} \sum_{n=1}^{\infty} \frac{1}{u^2 - n^2}.$$

Für $0 < x < 1$ folgt (die Vertauschung von Integration und Summation wird durch den Satz V.2 von LEBESGUE über dominierte Konvergenz gerechtfertigt):

$$\lim_{\varepsilon \to 0} \int_{\varepsilon}^{x} \left(\cot \pi u - \frac{1}{\pi u} \right) du = \frac{1}{\pi} \int_{0}^{x} \sum_{n=1}^{\infty} \frac{-2u}{n^2 - u^2} \, du$$

$$= \frac{1}{\pi} \sum_{n=1}^{\infty} \log(n^2 - u^2)|_0^x$$

$$= \frac{1}{\pi} \sum_{n=1}^{\infty} \log \frac{n^2 - x^2}{n^2}$$

$$= \frac{1}{\pi} \log \prod_{n=1}^{\infty} \left(1 - \frac{x^2}{n^2} \right). \tag{S.2}$$

Aus (S.1) und (S.2) ergibt sich die Behauptung des Satzes. $\qquad\qquad\qquad \square$

M Die Primzahlzerlegung von *m*!

Wir zählen ab, wie oft eine Primzahl $p \leq m$ in $m!$ als Faktor auftritt: zunächst in allen $\left[\frac{m}{p}\right]$ Zahlen von 1 bis m, die Vielfache von p sind, dann ein zweites Mal in allen $\left[\frac{m}{p^2}\right]$ solchen Zahlen, die Vielfache von p^2 sind usw. bis (für $p^n \leq m < p^{n+1}$) $\left[\frac{m}{p^n}\right] = 1$ ein letztes Mal. Also ist die Primzahlzerlegung von $m!$ gleich

Satz M.1.

$$m! = \prod_{p \leq m} p^{\sum_{p^k \leq m} [m/p^k]}.$$

Das kann auch geschrieben werden als

$$m! = \prod_{p \in \mathbb{P}} p^{\sum_{k=1}^{\infty} [m/p^k]}.$$

Im Beweis von Satz 3.1 wird noch verwendet, dass $\left[\frac{m}{p^k}\right] = 0$ für $k > B_p = \left[\frac{\log m}{\log p}\right]$.

W Der CAUCHYSCHE Hauptwert des Integrales $\int_0^e \frac{dt}{\log t}$

Die Funktion $\frac{1}{\log x}$ ist über ein Intervall, das die Zahl 1 enthält, nicht RIEMANN-integrierbar, da $\lim_{x \to 1} |\frac{1}{\log x}| = \infty$. Wohl aber existiert für die auf z. B. $]0, \frac{1}{2}]$ definierte Funktion

$$F(x) := \int_0^{1-x} \frac{dt}{\log t} + \int_{1+x}^e \frac{dt}{\log t}$$

der Grenzwert $\lim_{x \searrow 0} F(x)$, der dann als ‚CAUCHYSCHER Hauptwert' des Integrales $\int_0^e \frac{dt}{\log t}$

$$Li(e) = \mathcal{P} - \int_0^e \frac{dt}{\log t}$$

bezeichnet wird (der Buchstabe $\mathcal{P}$ soll hier *principal value* signalisieren).

Um diese Behauptung nachzuweisen, müssen wir nach dem CAUCHY-Kriterium (das für Funktionen auf $\mathbb{R}$ analog gilt, wie für Folgen) zeigen, dass für $0 < \alpha < \beta \le \frac{1}{2}$ die Beziehung $\lim_{\beta \to 0} [F(\alpha) - F(\beta)] = 0$ zutrifft:

$$F(\alpha) - F(\beta) = \int_{1-\beta}^{1-\alpha} \frac{dt}{\log t} + \int_{1+\alpha}^{1+\beta} \frac{dt}{\log t} \qquad \begin{array}{l}\text{(wir ersetzen im ersten Integral } t \text{ durch } 1-t \\ \text{und im zweiten Integral } t \text{ durch } 1+t)\end{array}$$

$$= -\int_\beta^\alpha \frac{dt}{\log(1-t)} + \int_\alpha^\beta \frac{dt}{\log(1+t)}$$

$$= \int_\alpha^\beta \left[\frac{1}{\log(1+t)} + \frac{1}{\log(1-t)} \right] dt.$$

Die Entwicklung in TAYLOR-Reihen liefert für $0 < t < 1$

$$\log(1+t) = \sum_{k=1}^{\infty} (-1)^{k+1} \frac{t^k}{k} = t \left(1 + \sum_{k=1}^{\infty} a_k t^k \right)$$

$$\log(1-t) = -\sum_{k=1}^{\infty} \frac{t^k}{k} = -t \left(1 + \sum_{k=1}^{\infty} b_k t^k \right)$$

und daher weiter

$$F(\alpha) - F(\beta) = \int_\alpha^\beta \left[\frac{1}{t(1 + \sum_{k=1}^\infty a_k t^k)} - \frac{1}{t(1 + \sum_{k=1}^\infty b_k t^k)} \right] dt$$

$$= \int_\alpha^\beta \frac{\sum_{k=1}^\infty (b_k - a_k) t^{k-1}}{1 + \sum_{k=1}^\infty c_k t^k} dt.$$

Für $t \to 0$ hat der Integrand den Grenzwert $b_1 - a_1$. Er ist deshalb in einem Intervall $]0, t_0]$ absolut durch eine Konstante $T > 0$ beschränkt. Das hat für $\beta \le t_0$ zur Folge

$$|F(\beta) - F(\alpha)| \le T \cdot (\beta - \alpha).$$

Der letzte Ausdruck geht für $\beta \searrow 0$ gegen 0.

[BATEMAN/DIAMOND] (S. 203) berechnen $Li(e)$ zu $1,8951178 \cdots$.

Hilfsresultate aus der Funktionentheorie

H Holomorphe und meromorphe Funktionen

Wenn nicht ausdrücklich etwas anderes gesagt wird, wird unter ‚*Gebiet*' immer eine nicht leere offene zusammenhängende Untermenge der komplexen Zahlenebene verstanden.

Definition H.a. Eine komplexwertige, auf einem Gebiet $D \subset \mathbb{C}$ gegebene Funktion f heißt in einem Punkt $z \in D$ *komplex differenzierbar*, wenn

$$\lim_{h \to 0} \frac{f(z + h) - f(z)}{h} \qquad (h \in \mathbb{C})$$

existiert und endlich ist.

Definition H.b. Eine komplexwertige, auf einem Gebiet $D \subset \mathbb{C}$ gegebene Funktion f heißt dort *holomorph* oder *analytisch*, wenn sie in jedem Punkt $z \in D$ komplex differenzierbar ist. Eine Funktion, die in ganz $\mathbb{C}$ komplex differenzierbar ist, heißt eine *ganze* Funktion.

Definition H.c. Ist eine Funktion f in einer punktierten Umgebung $D \setminus \{a\}$ eines Punktes $a \in D$ komplex differenzierbar, nicht aber in a, so heißt a eine *Singularität* von f. Der Punkt a heißt ein *Pol der Ordnung k* von f, wenn $\lim_{z \to a} (z - a)^k f(z)$ existiert und ungleich 0 ist.

Definition H.d. Eine komplexwertige, auf einem Gebiet $D \subset \mathbb{C}$ gegebene Funktion f heißt dort *meromorph*, wenn sie in D, ausgenommen in einer diskreten Menge von Polstellen, komplex differenzierbar ist.

Satz H.1. *Eine in einem Punkt $z \in \mathbb{C}$ komplex differenzierbare Funktion hat eine Ableitung, die wieder in z komplex differenzierbar ist.* ([FREITAG/BUSAM], II. Theorem 3.4, S. 90)

Eine in einem Gebiet $D \subset \mathbb{C}$ holomorphe Funktion ist in D also beliebig oft differenzierbar.

Satz H.2. *Eine in einem Gebiet D holomorphe Funktion ist durch ihre Werte auf einer Untermenge mit einem Häufungspunkt in D eindeutig bestimmt.* ([FREITAG/BUSAM], III. Satz 3.2, S. 120; [NEVANLINNA/PAATERO], 9.9, S. 160)

Wenn also zwei auf Gebieten D_1 bzw. D_2 holomorphe Funktionen f_1 bzw. f_2 auf einem nicht leeren Durchschnitt $D_1 \cap D_2$ übereinstimmen, sind sie Einschränkungen einer eindeutig bestimmten auf $D_1 \cup D_2$ holomorphen Funktion f, die man dann als *analytische Fortsetzung* von f_1 bzw. f_2 bezeichnet.

Satz H.3 (WEIERSTRASS). *Die Summe einer Reihe in einem Gebiet $D \subset \mathbb{C}$ holomorpher Funktionen g_k, die dort lokal gleichmäßig konvergiert, ist wieder im Gebiet D holomorph und gliedweise differenzierbar.* ([FREITAG/BUSAM], III. Theorem 1.3, S. 100; [NEVANLINNA/PATERO], 9.8, S. 159)

Die in der Formulierung in [NEVANLINNA/PATERO] enthaltene Bedingung der gleichmäßigen Konvergenz in abgeschlossenen Teilbereichen kann durch lokale Gleichmäßigkeit ersetzt werden, da jede abgeschlossene Menge $M \subset \mathbb{C}$ die Vereinigung einer wachsenden Folge von kompakten (= beschränkten und abgeschlossenen) Mengen ist und jede solche durch endlich viele offene Umgebungen ihrer Punkte überdeckt werden kann, in denen die Reihe gleichmäßig konvergiert.

Satz H.4. *Es sei $I = [a, b]$ ein endliches Intervall in $\mathbb{R}$, D ein Gebiet in $\mathbb{C}$, $\tilde{C} = \{\tilde{c}(t) : t \in I\}$ eine rektifizierbare Kurve in $\mathbb{C}$, und f eine Funktion auf $\tilde{C} \times D$, die auf $\tilde{C} \times D$ beschränkt und für jeden Punkt $\tilde{c}(t)$ ($t \in I$) eine holomorphe Funktion von z auf D ist. Dann ist $w(z) = \int_{\tilde{C}} f(x, z)\, dx$ eine holomorphe Funktion von z in D und $\frac{dw}{dz} = \int_{\tilde{C}} \frac{\partial f}{\partial z}\, dx$.* ([NEVANLINNA/PAATERO], 9.7, S. 157; [CARSLAW], 78, S. 189)

In der Formulierung an den angegebenen Stellen ist f stetig vorausgesetzt, im Beweis sind aber nur die Beschränktheit von f und f_z und die Existenz der Integrale (wir setzen immer die dafür erforderlichen Eigenschaften von f voraus) erforderlich.

Satz H.5 (MORERA). *Wenn f in einem Gebiet $D \subset \mathbb{C}$ stetig ist und*

$$\int_{\tilde{C}} f(z) = 0$$

für jeden Dreiecksweg $\tilde{C} \subset D$ gilt, dessen Dreiecksfläche in D enthalten ist, dann ist f in D holomorph. ([FREITAG/BUSAM], II. Satz 3.5, S. 91; [NEVANLINNA/PAATERO], 8.10, S. 133)

Definition H.e. Eine Reihe $\sum_{n=1}^{\infty} f_n$ heißt *normal konvergent* in einem Gebiet $D \subset \mathbb{C}$, wenn es zu jedem Punkt $a \in D$ eine Umgebung U von a und eine Reihe $\sum_{n=1}^{\infty} b_n < \infty$ ($b_n > 0 \,\forall n \in \mathbb{N}$) gibt, sodass $|f_n(z)| \le b_n$ für alle $z \in U$ gilt.

Satz H.6 (WEIERSTRASS). *Eine in einem Gebiet normal konvergente Reihe von holomorphen Funktionen konvergiert dort absolut und lokal gleichmäßig zu einer holomorphen Funktion und kann beliebig umgeordnet werden.* ([FREITAG/BUSAM], III. Satz 1.6, S. 101)

Satz H.7. *D sei ein Gebiet in $\mathbb{C}$ und $\infty \le a < b \le \infty$. Die Funktion $f(t, z)$ und ihre partielle Ableitung $\frac{\partial f}{\partial z}$ seien in $]a, b[\times D$ stetig in (t, z), und das Integral $\int_a^b f(t, z)\, dt$ konvergiere gleichmäßig auf jeder abgeschlossenen Untermenge von D. Dann ist die Funktion*

$$w(z) = \int_a^b f(t, z)\, dt$$

in D holomorph. ([NEVANLINNA/PAATERO], 15.2, S. 312)

Auch in Satz H.7 kann nach dem im Buch von NEVANLINNA/PAATERO angeführten Beweis die Voraussetzung der Stetigkeit der Funktionen f und $\frac{\partial f}{\partial z}$ durch (ihre Beschränktheit und) die Existenz der (eigentlichen oder uneigentlichen) Integrale ersetzt werden. Auch hier impliziert die lokal gleichmäßige Konvergenz des Integrales die Holomorphie der Funktion $\int_a^b f(t, z)\, dt$ in D.

L LAURENT-Entwicklungen

Satz L.1. *Wenn die Funktion f in einem Ringgebiet $D = \{z \in \mathbb{C} : r < |z - a| < R\}$ ($0 \le r < R \le \infty$) holomorph ist, lässt sie sich dort in eine LAURENT-Reihe der Form*

$$f(z) = \sum_{n=-\infty}^{\infty} a_n (z - a)^n \quad \text{für } z \in \mathcal{R}$$

entwickeln, die in D normal konvergiert. ([FREITAG/BUSAM], III. 5.2, S. 143)

Normale Konvergenz ist in Definition H.e definiert.

Definition L.a. Der Koeffizient a_{-1} der Entwicklung einer in einem Ringgebiet $\mathcal{R} = \{z \in \mathbb{C} : r < |z - a| < R\}$ holomorphen Funktion f heißt das *Residuum Res(f, a)* dieser Funktion im Punkt a.

K Kurvenintegrale

Definition K.a. Es sei f eine stetige komplexwertige Funktion, die in einem Gebiet $D \subset \mathbb{C}$ definiert ist, und durch $\tilde{C} = \{\tilde{c}(t) \in D : \alpha \le t \le \beta\}$ sei eine differenzierbare Kurve

$\tilde{C}$ in D gegeben. Dann ist das Kurvenintegral $\int_{\tilde{C}} f(z)\, dz$ definiert durch

$$\int_{\tilde{C}} f(z)\, dz := \int_{\alpha}^{\beta} f(\tilde{c}(t))\, dt.$$

Wenn $a \in \mathbb{C}$ ein Pol 1. Ordnung einer in einem a enthaltenden Gebiet meromorphen Funktion f ist (d. h. in einer Umgebung von a gilt $f(z) = \sum_{n=-1}^{\infty} a_n(z-a)^n$), dann ist das Residuum (Definition L.a) $Res(f, a)$ gegeben durch $Res(f, a) = \lim_{z \to a}(z-a)f(z)$.

Satz K.1 (Residuensatz). *Wenn f eine in einem einfach zusammenhängenden Gebiet D meromorphe Funktion ist, die in dem von einer geschlossenen differenzierbaren doppelpunktfreien positiv orientierten Kurve $\tilde{C}$ (die auch aus mehreren Teilen bestehen kann) begrenzten Gebiet $E \subset D$ nur die Pole $z_1, \ldots, z_k$ hat, dann gilt*

$$\int_{\tilde{C}} f(z)\, dz = 2\pi i \sum_{j=1}^{k} Res(f, z_j).$$

([FREITAG/BUSAM], III. Theorem 6.3, S. 163; [NEVANLINNA/PAATERO], 10.2, S. 191)

Hilfsresultate aus der Gruppentheorie

C Charaktere endlicher kommutativer Gruppen

G sei eine endliche kommutative Gruppe der Ordnung n_G. Die Gruppenoperation schreiben wir multiplikativ; e sei das Einselement von G, also $x^{n_G} = e$ für alle $x \in G$. Die Ordnung des Elementes x (d. h. den minimalen Exponenten $n \in \mathbb{N}$, für den $x^n = e$), bezeichnen wir mit n_x. Es gilt $n_x\,/\,n_G \; \forall\, x \in G$.

Definition C.a. Ein *Charakter* χ von G ist ein Homomorphismus von G in die multiplikative Gruppe $\mathbb{C}^* = \{z \in \mathbb{C} : z \neq 0\}$.

Es gilt also $\chi(x.y) = \chi(x).\chi(y)$.

Folgerungen:
(a) Die Gleichung $\chi(e) = \chi(e^2) = [\chi(e)]^2$ hat zur Folge $\chi(e) = 1$.
(b) Die Gleichung $[\chi(x)]^{n_x} = 1$ hat zur Folge $\chi(x) = e^{2\pi i k/n_x}$ $(k \in \mathbb{Z})$. Der Charakter χ ordnet also jedem Element der Gruppe eine n_G-te Einheitswurzel zu.
(c) Das *Produkt zweier Charaktere* χ_1 und χ_2, definiert durch $(\chi_1 \cdot \chi_2)(x) := \chi_1(x) \cdot \chi_2(x)$, ist wieder ein Charakter von G; die Charaktere von G bilden also erneut eine multiplikative Gruppe, die üblicherweise mit $\hat{G}$ bezeichnet wird.
(d) Das Eins-Element dieser Gruppe $\hat{G}$ ist der *triviale* Charakter χ_0, der durch $\chi_0(x) = 1 \; \forall\, x \in G$ definiert ist.

(e) Durch $\bar{\chi}(x) = \frac{1}{\chi(x)} = \chi(x^{-1}) = \chi^{-1}(x)$ ist der zu χ inverse Charakter χ^{-1} definiert.

(f) Jedes $x \in G$ definiert durch $\hat{x}(\chi) := \chi(x)$ einen Charakter $\hat{x}$ auf $\hat{G}$.

Folgende Sätze sind in Zusammenhang mit der Analytischen Zahlentheorie von Bedeutung:

Satz C.1. *Die Abbildung* $x \to \hat{x}$ *ist ein Isomorphismus von* G *auf* $\hat{\hat{G}}$. ([LeVeque II], Theorem 6-5, S. 212)

Beispiel (1). $G = G_m^* = (\mathbb{Z}/m\mathbb{Z})^*$ bezeichnet die multiplikative Gruppe der zu m teilerfremden Restklassen modulo $m = \prod_{p/m} p^{\alpha_p}$. Ihre Ordnung ist $n_G = \varphi(m) = m \prod_{p/m} (1 - \frac{1}{p}) = \prod_{p/m} p^{\alpha_p - 1}(p-1)$, die EULERsche φ-Funktion.

Beispiel (2). Für $m = 12$ sind die Elemente von $G = (\mathbb{Z}/12\mathbb{Z})^*$ die Restklassen $\{1, 5, 7, 11\}$. Übereinstimmend damit ist die Ordnung $n_G = \varphi(12) = 12.(1 - \frac{1}{2})(1 - \frac{1}{3}) = 12 \cdot \frac{1}{2} \cdot \frac{2}{3} = 4$. Jedes von $1 (= e)$ verschiedene Gruppenelement hat die Ordnung 2.

Eine Multiplikationstafel dieser Gruppe, in der das Ergebnis der Multiplikation des Elements der ersten Spalte mit dem Element der ersten Zeile eingetragen ist, die Tafel mit den Werten der Charaktere sowie die Multiplikationstafel der Gruppe $\hat{G}$ schauen wie folgt aus:

	1	5	7	11
1	1	5	7	11
5	5	1	11	7
7	7	11	1	5
11	11	7	5	1

G

	χ_0	χ_1	χ_2	χ_3
1	1	1	1	1
5	1	-1	-1	1
7	1	-1	1	-1
11	1	1	-1	-1

	χ_0	χ_1	χ_2	χ_3
χ_0	χ_0	χ_1	χ_2	χ_3
χ_1	χ_1	χ_0	χ_3	χ_2
χ_2	χ_2	χ_3	χ_0	χ_1
χ_3	χ_3	χ_2	χ_1	$\chi_0.$

$\hat{G}$

Von Bedeutung für Analytische Zahlentheorie sind noch zwei Summenformeln für Charaktere:

Satz C.2.

(a) $\sum_{x \in G} \chi(x) = \begin{cases} n_G & \text{falls } \chi = \chi_0, \\ 0 & \text{falls } \chi \neq \chi_0. \end{cases}$

(b) $\sum_{\chi \in \hat{G}} \chi(x) = \begin{cases} n_G & \text{falls } x = e, \\ 0 & \text{falls } x \neq e. \end{cases}$

([LeVeque II], Theorem 6-6, S. 212)

Um den Begriff der Multiplikativität anwenden zu können, erweitern wir für $G = (\mathbb{Z} / m\mathbb{Z})^*$ die Definition des Charakters χ, der zunächst nur auf den zu m teilerfremden Restklassen definiert ist, zu einer Funktion auf $\mathbb{Z}$:

Definition C.b. Für $n \in \mathbb{Z}$ ist $\chi(n) = \begin{cases} \chi(x) & \text{falls } n \equiv x \in G \quad (\text{d. h. } n \equiv x \bmod m), \\ 0 & \text{falls } (n, m) > 1. \end{cases}$

Satz C.3. *Die auf $\mathbb{Z}$ definierte Funktion χ ist stark multiplikativ und erfüllt für $\chi \neq \chi_0$ die Ungleichung $|\sum_{n=m}^{k} \chi(n)| \leq n_G$ $(k \geq m)$ für alle ganzen Zahlen $k \geq m$.*

Beweis. $\quad \chi(n_1 \cdot n_2) = \begin{cases} 0 = \chi(n_1) \cdot \chi(n_2) & \text{falls } (n_1, m) \neq 1 \text{ oder } (n_2, m) \neq 1 \\ \chi(n_1) \cdot \chi(n_2) & \text{sonst.} \end{cases}$

Die zweite Behauptung ist eine Folge von Satz C.2 (a). $\qquad\qquad\qquad \square$

Abbildungsverzeichnis

Verzeichnis der verwendeten Symbole

Literatur

In Klammern sind die Sätze bzw. Definitionen und evtl. Seiten angeführt, bei denen auf die entsprechende Literatur verwiesen wird. Literatur, auf die im Text nicht ausdrücklich Bezug genommen wird, ist weiterführend oder enthält Stoff, der dem Verständnis dienen kann.

[BATEMAN, P.T./DIAMOND, H.G.]. *Analytic Number Theory. An Introductory Course.* Singapore: World Scientific 2009 (S. 91).

[BLANCHARD, A.]: *Iniation à la théorie analytique des nombres premiers.* Paris: Dunod 1969.

[BRÜDERN, J.]: *Einführung in die analytische Zahlentheorie.* Berlin: Springer 1995.

[CARSLAW, H. S.]: *An Introduction to the Theory of FOURIER's Series and Integrals.* New York: Dover 1950. (Satz V.5, Satz F.1, Satz F.2, Satz H.4)

[CHANDRASEKHARAN, K.]: *Introduction to analytic number theory.* Berlin: Springer 1968.

[EDWARDS, H. M.]: *RIEMANN's zeta function.* New York: Academic Press 1974.

[ELLISON, W. J./MENDÈS FRANCE, M.]: *Les nombres premiers.* Paris: Hermann 1975.

[ESTERMANN, T.]: *Introduction to modern prime number theory.* New York: Cambridge Univ. Press 1952.

[FREITAG, E./BUSAM, R.]: *Funktionentheorie.* Berlin: Springer 1995. (Satz G.2, Satz H.1, Satz H.2, Satz H.3, Satz H.5, Satz H.6, Satz L.1, Satz K.1)

[HENG HUAT CHAN]: *Analytic Number Theory for Undergraduates.* Singapore: World Scientific 2009.

[HEWITT, E./STROMBERG, K.]: *Real and Abstract Analysis.* Berlin: Springer 1965. (S. IX, S. 80, Satz V.1, Satz V.2, Satz V.3, Satz F.1, Satz F.3 ,Satz F.4)

[HUXLEY, M. N.]: *The distribution of prime numbers.* Oxford: Clarendon Press 1972.

[INGHAM, A. E.]: *The distribution of prime numbers.* New York: Cambridge Univ. Press 1932.

[JÄNICH, K.]: *Analysis für Physiker und Ingenieure.* Berlin: Springer 1995.

[LANDAU, E.]: *Handbuch der Lehre von der Verteilung der Primzahlen.* Leipzig: Teubner 1909.

[LEVEQUE, W. J.]: *Topics in number theory. Vol II.* Reading: Addison-Wesley 1956. (Satz C.1, Satz C.2)

[VON MANGOLDT, H./KNOPP, K.]: *Einführung in die Höhere Mathematik. Band II, III.* Leipzig: Hirzel 1933 (Satz G.1, Definition G.c, Satz V.4, Satz V.6, Satz U.1)

[NEVANLINNA, R./PAATERO, V.]: *Einführung in die Funktionentheorie.* Basel: Birkhäuser 1965. (Satz H.3, Satz H.4, Satz H.7)

[PRACHAR, K.]: *Primzahlverteilung.* Berlin: Springer 1957.

[RADEMACHER, H.]: *Topics in analytic number theory.* Berlin: Springer 1973.

[RADEMACHER, H.]: *Lectures on elementary number theory.* New York: Krieger Publ. Comp. 1977.

[RIBENBOIM, P.]: *Die Welt der Primzahlen.* Berlin: Springer 2011. (S. 52, S. 71)

[RIEMANN, B.]: *Ueber die Anzahl der Primzahlen unter einer gegebenen Grösse.* Monatsberichte der Berliner Akademie, November 1859.

[SERRE, J.-P.]: *A course in arithmetic.* Berlin: Springer 1973.

[STOPPLE, J.]: *A primer of analytic number theory.* New York: Cambridge Univ. Press 2003. (S. 71)

[TITCHMARSH, E. C.]: *The zeta-function of RIEMANN.* New York: Hafner Publ. Comp. 1972.

[ZAGIER, D. B.]: *Zetafunktionen und quadratische Körper.* Berlin: Springer 1981.

https://doi.org/10.1515/9783110500035-008

Stichwortverzeichnis

Sätze sind mit Seitenzahlen nur angeführt, wenn sie im Text auch abseits ihrer Formulierung erwähnt werden.

Personenverzeichnis

Die Akteure, chronologisch nach Geburstjahr geordnet:

BERNOULLI, JAKOB I: 1654–1705; Prof. U. Basel

  Außerdem waren mathematisch produktiv noch

   BERNOULLI, JOHANN I: 1667–1748; (Bruder von Jakob I) Prof. U. Groningen, U. Basel

    BERNOULLI, NIKLAUS II; 1695–1726; (Sohn von Johann I) Prof. U. Bern, Akademie St. Petersburg

    BERNOULLI, DANIEL: 1700–1782; (Sohn von Johann I) Prof. Akademie St. Petersburg, U. Basel

    BERNOULLI, JOHANN II: 1710–1790; (Sohn von Johann I) Prof. U. Basel

     BERNOULLI, JOHANN III: 1744–1807; (Sohn von Johann II) Dir. math. Klasse Akademie Berlin

    BERNOULLI, NIKLAUS I: 1687–1759; (Neffe von Jakob I und Johann I) Prof. U. Padua, U. Basel

DE L'HÔPITAL, GUILLAUME FRANCOIS ANTOINE, MARQUIS DE SAINT-MESME: 1661–1704; Mitglied Pariser Académie des Sciences

TAYLOR, BROOK: 1685–1731; Sekretär der Royal Society

EULER, LEONHARD: 1707–1783; Prof. U. St. Petersburg, Dir. math. Klasse Akademie Berlin

MASCHERONI, LORENZO: 1750–1800; Prof. U. Pavia

FOURIER, JEAN BAPTIST JOSEPH: 1768–1830; Prof. École Polytechnique, Akad. d. Wiss. Paris

GAUSS CARL FRIEDRICH: 1777–1855; Prof. U. Göttingen

CAUCHY, AUGUSTIN-LOUIS: 1789–1857; Prof. École Polytechnique Paris

MÖBIUS, AUGUST FERDINAND: 1790–1868; Prof. U. Leipzig f. Astronomie und Mechanik

ABEL, NIELS HENRIK: 1802–1829; Stipendiat U. Christiania, Berufung zum Prof. U. Berlin zwei Tage nach seinem Tod.

DIRICHLET, JOHANN PETER GUSTAV LEJEUNE: 1805–1859; Prof. U. Breslau, U. Berlin, U. Göttingen

LAURENT, PIERRE ALPHONSE: 1813–1854; Lehrer an der École d'Application in Metz; Batallionschef in Paris

WEIERSTRASS, KARL THEODOR WILHELM: 1815–1897; Prof. U. Berlin

TSCHEBYSCHEW, PAFNUTI LWOWITSCH: 1821–1894; Prof. U. St. Petersburg

BERTRAND, JOSEPH LOUIS FRANÇOIS: 1822–1900; Sekr. Akademie Paris

RIEMANN, GEORG FRIEDRICH BERNHARD: 1826–1866; Prof. U. Göttingen

MERTENS, FRANZ CARL JOSEPH: 1840–1927; Prof. U. Krakau, TH. Graz, U. Wien

MANGOLDT, HANS KARL FRIEDRICH VON: 1854–1925; Prof. U. Hannover, TH Aachen, TH Danzig

MORERA, GIACINTO: 1856–1909; Prof. U. Genua, U. Turin

HADAMARD, JAQUES SALOMON: 1865–1963; Prof. U. Paris

VALLÉE-POUSSIN, JEAN CHARLES GUSTAVE NICOLAS DE LA: 1866–1962; Prof. U. Löwen

LEBESGUE, HENRY LÉON: 1875–1941; Prof. U. Paris

LEVI. BEPPO: 1875–1961; Prof. U. Bologna

LANDAU, EDMUND GEORG HERMANN: 1877–1938; Prof. U. Göttingen

FUBINI, GUIDO: 1879–1943; Inst. Advanced Study

KNOPP, KONRAD: 1882–1957; Prof. U. Königsberg, U. Tübingen

PLACHEREL, MICHEL: 1885–1967; Prof. U Freiburg, ETH Zürich

WIENER, NORBERT: 1894–1964; Prof. Massachusetts Institute of Technology (MIT), Cambridge (Mass.)

IKEHARA, SHIKAO: 1904–1984; Student von WIENER am MIT